后浪出版公司

远方之地

吃酸！
发酵塑造的地方文化
与都市生活

FARLAND 编辑部 编著

云南美术出版社

我们选择以"发酵"作为本书主题，探寻
城市与在地之间的关系。
在漫长的人类历史中，发酵既是参与者，
也是见证者。

序　　　　本书的主题，我们选择了布依族的酸。

在百年来的工业化和都市化进程中，人工养殖的禽类、工业化种植的蔬食和食品添加剂调配出的"食品包"逐渐改变了我们的生活。肉类食材经过规模化养殖、商场贩卖、烹饪，最后被呈上餐桌。身处其中，我们愈发认识到"发酵"文化的丰富和深厚——只需用生活中随处可见的食材，经过一定的加工便能补充人体所需营养，而且，这种古老而重要的食材处理方式已经超越了食物本身，蕴藏着人类与微生物相处的智慧。

美国人类学家塞雷娜·南达认为，"对饮食观念的考察有助于探知隐藏在一个群体或民族背后深层次的文化意义。"[1] 在云贵高原向广西丘陵地带过渡的群山里酸味飘散，我们试图从这酸味之中描摹出"发酵"的文化脉络——人与万物相处的规则，人与人之间通过食物的制作而产生的互动、传承以及共同记忆。

自古以来就生息繁衍于贵州盘江及红水河流域以北地带的布依族擅长水稻种植。《史记·西南夷列传》提及，夜郎国以耕种水稻为主。酸，是贵州饮食的一大特色，也是中国饮食的本味之一。酸食是发酵的结果。在人类还没有掌握冷藏技术之前，发酵在食物储存方面扮演了重要的角色，是人类最初掌握的技能之一。做"酸"，对于布依族来说稀松平常，每家每户都会做酸酱和腌制各种酸物，并用酸酱烹饪菜肴。

近年来，北欧诺玛（Noma）餐厅因重塑发酵菜系而风靡全球，该餐厅联合创办人暨主厨勒内·雷泽皮研发发酵菜系的初衷就是为了更好地储存食材。在几百年前，因为食材有限，为了生存，布依族必须学会如何根据时令变化长久地保存食物。其实，用发酵让食物储存的技法在世界各地都有迹可循。英语中的"fermentation"（发酵）是从拉丁语"fervere"演化而来

① 塞雷娜·南达，引自《文化人类学》（Cultural Anthropology）刘燕鸣、韩养民译，陕西人民教育出版社，1987年10月。

的，本意为“翻腾”，描述的就是酵母作用于果汁或麦芽浸出液时的现象——在无氧环境里，无声地呼吸、翻滚、变化。

在贵州，当地人把酸食叫作“醅”。关于醅的记录最早见于田汝成的《炎徼纪闻》，制作方法是将荞灰和高粱粥酿成酸汁，再与鱼和禽肉一同入坛，然后密封储存。这样的酿造方式被布依族人沿用至今。制作醅的土窑罐——醅桶，年代越久越珍贵，被当地人视作财富的象征。它有一股腐臭的气味，但真正品尝的时候，会发现它给味蕾带来的刺激类似螺蛳粉，“臭”中带着鲜美。身处贵州荔波的那几天正值春夏之交，天气炎热潮湿，那一锅酸汤沁入脾胃，让我们终于理解了为什么当地人那么喜爱吃酸。

当我们回到都市，重新感受到都市的秩序和时间，突然怀念起贵州者吕古寨：被锄头翻松的土地；耕牛犁过的痕迹；被燃烧的木灰烟雾缠绕的树林；鸭子在阳光下的河水里游动、打盹，偶尔把脑袋探进河水里吃小鱼虾，露出绒黄的屁股……在当地热闹的集市上，布依族妇女将自己种的瓜果蔬菜精心摆放，处处散发着新鲜的气息。蔬菜用蓝色的土布遮着，生怕被太阳晒干，仿佛这不是菜，而是一颗颗刚采集的珍珠。这些蔬菜的确是来之不易，布依族妇女每日清晨六点下田，辛勤耕种，采收后再背到市场售卖。在荔波县城，我们吃到了布依族妇女种的菜，那家餐厅的老板采购当地农民的应季蔬菜已经有十多年，凭借自己的烹饪天赋和家里祖传的酸酱，研制出了广受当地人好评的“臭酸火锅”。她说真正地道的臭酸火锅必须要用应季的蔬菜，当地人从古至今都是这样就地取材，大地给他们什么就吃什么。

人类与酵母菌、乳酸菌等多种微生物的互动，已经融入不同族群的历史生活中，这种互动为我们撑开了一张关于文化和生活方式的图景。在荔波，酸食晕染出了一幅文化地图——从者吕

在云贵高原向广西丘陵地带过渡的群山里酸味飘荡，我们试图从这些酸味中，描摹出"发酵"的文化脉络——人与万物相处的规则。

古寨、甲良村到荔波县城，当地的野菜几乎出现在每家的餐桌上；在集市上，只能用当地方言称呼它们，什么时候食用、怎么吃最好吃，已经烙印在这方土地的集体记忆里；用酸酱做出来的菜肴味道浓重，这里的人都爱在露天院子围坐在一起边吃边聊，每户人家都有一个祖先传下的土窑罐；酸食的腌制方法只能口耳相传，几百年来一直如此，妈妈会告诉女儿如何严格地维持这种微妙的平衡，为了避免吃到腐坏的食物，腌制时必须万般谨慎。

发酵的本质，用现代科学语言来说，就是微生物活跃的生命活动。微生物是比人类更古老的有机体，有文章记载，在35亿年前的古化石中就已经发现了古老菌种的踪迹。在世界任何产生了烹饪方式的地方都可以找到微生物的踪迹，只要按照配方操作，现代人可以和千年以前的人们品尝一样的味道。

在现存的文献中，我们已经无从考证世界上第一个发酵物是怎样产生的，最初可能是人类发现水果在存放一段时间之后，会自然发酵成酒，因而逐渐掌握了酿酒技术。相传，生活在埃及和两河流域的人们，在 5000 年前已开始酿酒。而在中国，《史记》中有夏朝时期姒少康（即杜康）作秫酒的记载。世界各地的人们熟知这种能量转换已经有上千年历史，而直到近两百年，现代科学才对"发酵"有了严谨具体的分析。19 世纪，法国生物学家巴斯德（Louis Pasteur）阐明了发酵作用的原理。通过对微生物的研究，巴斯德发现，在空气中散播的无数菌类里，有一种菌在缺氧环境里可以进行无氧呼吸，将糖分解之后，产生二氧化碳和酒精。这一发现也印证了发酵食物的健康价值。发表于《营养学》（Nutrients）期刊的一篇论文指出，通过发酵可增加奶制品、水果、蔬菜、肉类和鱼类的抗氧化活性，人们在食用后，可增强人体的免疫力。在一些国家，康普茶、味噌、泡菜、鱼露等发酵食物近年来开始成为餐桌的主角。英国有调查显示，相对于含有让人不明所以的一系列化学添加剂的加工食品，近 73% 的消费者愿意花更多钱购买食材来源可靠且值得信任的食品。

人们开始重新青睐按照自然规律发酵的食物。在发酵过程中，微生物相互作用，是大地和万物之间活动的微观版本。因此，我们也去探寻了一些对发酵有着更深理解的人和机构。除去食物本身，我们也希望透过多重视角，探讨发酵可带来的生活模式、观念，甚至社区生活系统的可能性。

让我们把视野再拉回贵州山地的深处，在发酵食物的营养价值尚未被科学验证时，当地人就早已知道它的功用。下地劳作前，人们会做好酸汤、酸食，作为午餐补充体力。吃酸食能够补充盐分和营养，这是世代传递下来的经验。布依族熟知物候的变化，也了解顺应时令生长的植物，会在相应的季节对身体起到疗愈作用。根据这些充满智慧的地方性知识，布依族将大山里的植物与农耕所获相结合，发展出一整套饮食系统，也由此延展出包括植物识别、饮食调理和文化含义的知识体系。

我们想展示和探寻的就是如同微生物世界一样多元的人类生活系统。酸，让生活在这片土地上的人们有力地塑造了自己的生活。站在荔波者吕古寨的土地上，突然发觉，最富有生命力的时刻是当人的身体和土地上的动植物、和自然发生交互时，此时，整个村落也如同有了生命一般，展现着自身的性格和生命系统特征。

千百年来，布依族通过与微生物的合作来滋养生命，这种古老的智慧使人在福至心灵的瞬间感受到自然的奥妙，既不是去驯服，也不是任由其发展，而是默契地共存、对话，保持微妙的平衡，平等相处。▣

目录

吃酸·者吕

发酵在都市

吃酸·者吕

发酵既是一种能量转换，也是在文化与自然规则的空隙中流动的地方文化。

荔波者吕：
布依族的酸，看不见的流动

进入贵州南部，风景逐渐秀美起来，尽管天气湿热，却没有我们想象中的雾气缭绕。樟江蜿蜒而过，岸边青草茵茵，野花盛开，大片的芦苇随风摇曳，一座座低矮的山脉将天地间点缀得亲切可爱。在这种环境下，心里不由得滋生出吃一点酸爽食物的想法。环境会让人本能地寻找满足身体所需的食物。

《黄帝内经》曾提道："南方者，天地之所长养，阳之所盛处也。其地下，水土弱，雾露之所聚也。其民嗜酸而食胕。"意思是说，在阳气旺盛的南方，地势低，水土单薄，常见雾气缭绕，当地的居民都喜爱吃酸食。酸是贵州重要的饮食风味，也是串联起贵州古老文化的一条线索。贵州是多民族聚居地，吃酸并不是某一族群独有的习惯。在古籍中，酸被称作"醯"。虽然贵州各民族使用的原料不尽相同，但都广泛保留着制作"醯菜"的习俗。

我们此行的目的地是贵州省黔南布依族苗族自治州荔波县者吕古寨（也叫石磊古寨）。在荔波，布依族是世居此地的民族之一，此外还有苗族、水族、瑶族等少数民族。者吕古寨依山而建，方村河绕寨而过，形成了一道天然的屏障。时值仲春，稻田里，农人正在松土，准备新一轮的播种。从山上往下看，那一块块被河流包围的田地，仿佛潘通色卡中的绿色。远眺村寨，房屋层层叠叠，错落有致。

者吕古寨始建于明朝，距今已有600多年历史。目前有90多户人家，大多姓莫。几百年来，古寨里的人不断开枝散叶，迁进

01 01.春耕
——
02 02.者吕古寨的传统房屋

贴在门上的纸符

迁出，就像细胞一样，保持着生命力。寨子里每家每户都会做酸。对于布依族人来说，这是一件太过寻常的事，寻常到与吃饭喝水一样。

者吕古寨的常居者几乎都是老年人，他们穿着布依族传统的青色土布衣服，坐在河边村口，望着我们和善地笑。尽管年事已高，老人们看起来都非常硬朗。90后女孩陈迪是寨里仅有的几个年轻人之一，浑身散发着明快干练的气息。在外从事了数年的旅游业后，陈迪于几年前回到了家乡荔波，整修旧房，接待从城市来的度假者，者吕古寨的旅游路线就是她开发的。"寨里的年轻人实在太少了，"她不止一次这样感叹，"者吕村是荔波为数不多的文化风貌保存尚完整的村寨，是很有文化旅游潜力的地方。"她的同学中，有布依族、水族、瑶族。在这样的文化环境中，她很容易分辨出布依族相较于其他民族的特性。在外求学工作的几年中，经常来往于都市和乡村，她发现者吕古寨仍保留着的布依族文化活性，"相比其他民族，除了语言差异，我们还特别喜欢过节，布依族最喜欢过节，也最喜欢吃了。"这让她愈发感到这种文化特性的珍贵。

聚居在淇江一带的布依族，几乎月月过节：农历新年，然后是二月二、清明、四月八、端午、六月六、七月半、中秋、重阳。以前，淇江上游的布依族村落不过农历新年，而是过小年，这是他们独有的节庆习惯。陈迪说，早年间村里的男人要出行时，为了讨个好彩头，家人们都在小年团聚，既是壮行也是期盼亲人能够平安归来。**"节日"的布依语发音为"gengxin"，而"geng"就是"吃"的意思**，在布依族人看来，吃饭就是过节，是有仪式感的。在者吕这个依山而建的村寨里，人与人之间的关系极为密切，每逢过节，大家就围坐在一起喝酒聊天，吃本身也成为情感的纽带。

在布依族的餐桌上，酸食是必不可少的。每家每户的酸，是一种看不见的流动，一种关系的羁绊，也是传承、交替、繁衍的体现。

对于嗜酸的原因，有一种说法是贵州不产盐，因此盐价昂贵，当地人就用发酵出来的酸来替代。者吕古寨里的莫家叔公说，布依族等民族之所以要做酸，是为了更好地储存食物，"以前我们这里很穷，常常吃不饱饭，就要想办法把地里面能吃的都储存起来，我们这里的老人家都这样做。"莫家叔公是在陈迪带我们参观老宅的途中遇上的，年轻时曾做过石匠，专门为村里盖房。他和师傅们就地取材，把后山叶片般的石头垒成地基，从山上砍来木头做房梁和板材。我们目之所及的房子，都出自他的手。而就在叔公自己建造的家里，我们看到了不少酸坛，坛身陈旧，但顶部凹槽里的水却清冽。叔婆掀了盖让我们挨个闻，豆豉、糟辣椒的酸和酒香，食物发酵后刺鼻的味道都弥散在土坛周围。叔公说："我们的很多吃食都可以做成酸。"

在山区，过去都是靠天吃饭，食物并非轻易可得。酸食因而成为重要的食物和营养来源。在厌氧环境中发酵而来的酸食营养丰富，是当地人顺应环境找到的饮食体系，用"酸"炖煮的野菜，正是现在风靡于都市的"有机食物"。

近年来，"从农场到餐桌（Farm to Table）"的饮食理念被越来越多地提及，是"天然有机"现代消费观中具有代表性的一个。越来越多的优秀厨师开始明白，食物是否美味，其实是由整个农业体系所决定的，顺应土壤、食材应季生长周期等多个因素相关。

每一株植物都有与自然约定的成长时间。在这个过程中，土壤中的微生物也在进行各种活动，它们彼此维系、支持，又互相争斗、拉扯，为植物带来必要的生长元素和丰富的营养。但在今天，因为长期大量使用农药和化肥，种植环境受到破坏，**环境稀释效应**①影响了植物生长时的营养吸收，再加上过快的生长周期和抗病虫害能力的增强，果蔬本来的滋味变得越来越淡，而野生可食果蔬的营养价值往往比人工种植的要高，也更有滋味。在贵州，当地人经常食用的番茄酸，其原料就是贵州独有的野生小西红柿"毛辣果"，色泽鲜红，个头娇小，味道极酸，只要在坛子里放一点，便能酿成"番茄酸"。

布依族人在嫁女儿时，会陪嫁一根宅子里的大梁，象征着娘家给女儿撑腰，此外还会送一坛酸汤或者"老酸"给女儿，旨在把祖上的味道传承下去。"酸"既是嫁妆，也是人情的纽带。寨子里的人做饭时如果酸汤、酸酱不够，就去找隔壁邻居借。酸酱味道浓烈，哪家的酸做好了，都能闻出来。家家都会做一锅酸汤——"一锅香"，邀请左邻右舍来家里吃"酸"、喝酒。者吕古寨的布依族也跟贵州许多其他山地民族一样，大摆长桌宴。**布依族总是慷慨地把自己觉得好的食物分享给亲人和宾客，食物的珍贵，更凸显了分享的意义。**人类学家罗伯逊·史密斯说过，那些在一起吃喝的人被一种友谊纽带以及相互间的责任紧紧连接在一起。▣

①美国得克萨斯大学化学和生物化学系教授Donald Davis提出的概念，他将人类为了追求农作物产量而对种植环境施加影响导致的营养成分的减少，称为"环境稀释效应"。

清明将近，村里开始做五色糯米饭，其中一色是"黄花饭"。
"黄花"在布依语中叫"waben"。每年农历二、三月开花的时候，
当地人便将花连枝一起摘下，分成小把，放到干燥通风的地方晾
干。黄花饭具有清肝明目的功效。

贵州独有的野生小西红柿——毛辣果

从陈迪的奶奶莫妈念花家老宅远眺的景色

酸与
餐桌、田地、集市

发酵既是一种能量转换，也是在文化与自然规则的空隙中流动的地方文化。要问布依族为什么那么喜欢吃"酸"，他们并没有办法给出一个确切的答案，酸仿佛早已刻进他们的文化基因中，喝酒的时候吃，聚会过节时吃，下地劳作也吃。

吃酸 —— 田地里

者吕村的田地，从村子步行过去需要半小时到一小时。对于居住在山区的布依族人来说，田地非常宝贵，当地平坝稀少，一块田至多不到一亩，每家拥有的田地不多。但即使只有六分田，一天也需要劳作 10 个小时。往返于住宅和田地至少需要 1 小时，村民一般都自己带个篮筐，里面装着午饭和水。用老人家的话讲，"农忙时来不及烧火做饭，会把先前储存的菜拿出来吃"。午餐里总会有一些酸汤或酸食。除了能够开胃消食，当地人也觉得"吃了酸会有力气"。

村民种的稻米和蔬菜，大多数是自家吃，在过去，如果没有发生特别严重的灾害，基本可以做到自给自足。当地上了年纪的老人，也提着篮筐下地种田，从天色刚亮到暮色渐浓，一直佝偻着腰熟练地锄地，不慌不忙，一下又一下，一寸又一寸。可能在我们看来，这种劳作是枯燥的，但生活在都市的人们，不也是一遍又一遍地重复着几点一线的生活吗?只是日夜与土地和作物交流的者吕人更为从容。今年是否多雨，庄稼收成怎样，土地和作物的任何一点细微的变化，他们都能凭借长期的经验快速做出判断。

莫妈念花奶奶在田埂边短暂休息，身后是已经谢了的油菜花田，脚下的竹篮里放着一家子的午饭，有糖水、糟辣酸和米饭。春耕时节，她和儿子每天早上七点从村里出发，一直要忙到下午五点半。

吃酸——饭桌上

在者吕古寨，最日常也最有仪式感的事情就是吃"酸"。

在我们抵达的第一天，陈迪就用家里的糟辣和豆豉给我们做了一顿火锅。酸料是她年初新做的，用的是莫妈念花奶奶教给她的方法。在保留着传统干栏式建筑风格的家里，塑料瓶装的**糟辣**[①]、豆豉、**毛辣酸**[②]都整齐地摆放在衔接厅堂与厨房的四方桌上。

火锅里的蔬菜有油菜心、青苦菜、韭菜、蒜苗等，都是陈迪在屋前的菜地里采摘的。菜地里的蔬菜五花八门，而她却能麻利地从中找到野菜**"鸭脚板"**[③]的踪影，尽管它们几乎与随处可见的**飞机草**[④]没有太大差别。"这种野菜能清热去火"，陈迪告诉我们，她识别野菜的本领也是奶奶教的。在者吕，地里有什么就吃什么，祖先留下的经验和智慧告诉者吕人哪些能吃以及要如何吃。

就着大火炒香五花肉，加入糟辣、豆豉等自制的酸料，翻炒出夹杂着酒香的酸味，最后倒入一大碗清水，把各种山茅野菜和肉混煮成"一锅香"，这样的酸汤锅再配上当地的煳辣椒蘸水，真是无比下饭。席间，莫妈念花奶奶还拿出了自己酿的糯米酒

①糟辣：贵州地方特色显著的一种调味品，由辣椒发酵制成。

②毛辣酸：一种贵州的调味品。由当地的毛辣果（野生番茄）加入辣椒发酵而成。

③鸭脚板：学名为鸭儿芹，是一种野生芹菜，因为长着三片叶子，和鸭子的脚掌很像，便被人们称作鸭脚板。

④飞机草：又名香泽兰，是一种多年生草本植物，广泛分布于广东、海南、广西及云南等地。

糟辣炒五花肉

豆豉拌葱、酸肉和煳辣椒蘸水

和酸肉给大家品尝。村里每家都有酸坛，以前生活不宽裕的时候，做一次酸要吃一年。过年杀猪，吃不完的肉也会和糯米混合在一起做成酸肉。

陈迪家中的几个酸坛就摆在厨房的阴暗角落，周围堆着生火用的柴薪，陈旧的坛身罩着用薄薄的竹片编织成的套子，莫妈念花奶奶把它们照料得很细致，酸坛边槽盛满了清水，每三天一换。做糟辣，盐放少了会酸，放多了会咸，有人喜欢吃甜的，就喜欢放一点糖。做酸食用的器皿是陶罐，陶土经过烧制后仍会留有孔隙，让发酵物得以活动、呼吸。从都匀市区到荔波县城，再到者吕古寨，我们拜访的每户人家都有类似的陶罐。不过，现在越来越多人家改用塑料瓶来酿造酸酱，既方便又能隔绝空气。

酸食不仅出现在布依族的日常生活里，而且还是当地人过年必备的席面。吃过隆重的团圆饭，剩余的食材会在第二天被熬煮成一锅酸汤。在陈迪家，这样的习俗年复一年地延续着，"吃酸"也因此成了她记忆中故乡的温情。

围着火塘吃晚饭

莫妈念花用了多年的小碗

小蒜头

鸭脚板

吃酸 —— 市集里

面对席卷全球的城市化浪潮，者吕古寨也无可避免地被裹挟进去。现在，除了自给自足之外，当地人会出售富余的农产品，以补贴家用。天色刚亮，布依族妇女们带着刚刚采摘的蔬菜到集市贩卖，蔬菜都被整齐地放在竹篮里。为了节约路费，她们大多都会先走几里路到车站，再乘坐大巴去场镇。到达的时候，竹篮里的蔬菜已经蒙上了一层新鲜的水汽。

在甲良的场镇，甚至荔波县城的集市，我们都能看到赶集的布依族妇女的身影，她们比任何蔬菜商贩都懂得蔬菜怎么陈列最好看。一捆小蒜头、一束蕨菜、几根刚挖出的春笋，还有很多只有她们才能辨别出的新鲜野菜，被细心地码放在篮子里，仿佛是一件件艺术品。每当有顾客走过来，她们会热情地招揽介绍，告诉顾客如何烹饪能发挥出食材最好的味道。

午饭时间，荔波的菜市场里，一对摊贩夫妇正在煮酸汤，架上摆着蘸碟。对于当地人而言，吃酸是再寻常不过的事。饮食是人类认知世界的重要媒介，共同的口味偏好和饮食习惯把一类人群紧紧地聚在一起，增进了他们彼此间的情感认同。与中国大多数城市一样，荔波县城也盖起了高层住宅和大面积的商业中心，生活

灰灰菜

蕨菜

环境的改变促使荔波人怀念起旧时酸汤的味道，吃酸这种饮食习惯因此保留至今。荔波县城有名的"陆氏三酸"酸汤火锅就颇受欢迎。店主兼主厨陆小妹认为，想煮出味道正宗的酸汤火锅，就必须使用本地的应季蔬菜。她只买当地人自己种的菜。20多年来，她与熟识的菜农们已经成了好朋友。

陆小妹的采购习惯无形中保护了当地传统的种植方式，正是有"陆小妹"们的存在，当地农人们才仍然可以精耕细作，照料这些农作物。从种植、采购到售卖，每一个环节都在平衡着人和自然的关系以及维持着当地人的生活步调。**酸食背后隐藏着自然和文化相互交融的微妙法则。通过微生物"社群"的辛勤劳作，这片土地上结出饱满成熟的果实——酸食。由此，布依族继续脚踩大地，生生不息，通过馈赠、共食继承饮食传统，这就是因发酵而形成的文化流动。** 在者吕古寨的那几天，我们学着以布依族的方式看待那片土地，在某一刻，心中滋生出一种无畏的感觉——相信自己可以创造自己的生活，如同最初定居在这片土地的布依族祖先一样，在漫长的岁月里感受身边的万物，与这片土地形成良好的关系，也塑造出适合自己的生存方式。▣

县城的"臭酸火锅"，
老板陆小妹身体里的"荔波"

"判断是不是腌成功——那就是气味要呛鼻子，有发酵的味道。"

陆小妹

荔波人，"陆氏三酸"老板娘，曾参与纪录片《沸腾吧火锅》第二季的录制。

> 我用的臭酸是从外婆给的一小坛发展来的，到现在有一百多年了。这坛酸还是我结婚时的嫁妆。

01

我是第一个在荔波经营臭酸火锅店的人。

最初是卖麻辣烫、酸辣烫、扣肉这些开胃小吃，后来想现在大家生活条件好了，都不怎么在家煮臭酸、虾酸，那不如我来做了试试。把它们加到牌子上后，有人来尝，"哟，好吃"，慢慢生意就好了起来。在我之前，荔波没人这样做，因为臭酸太常见了，都是自家吃。后来有人看我们生意不错也跟着做，现在整个县城怎么也有十几家了，可不是我自夸，很多来我家吃臭酸火锅的客人都说，"别家的都没有你们家的正宗。"

臭酸火锅最重要的是底料，底料好，炒出来的这个"臭"才不夹嘴（涩），上桌的味道是"香"的，不然就不正宗。当然啦，我们说的是"香"，你们说的（在你们看来）是"臭"。熬底料要先把猪大骨和鱼一起煮，这个鱼一定得是河鱼。很多人不知道怎么买，就图便宜呀，买了饲料喂的鱼，这种鱼味道不鲜的。朝阳小七孔下面的鱼最多且好，我找人订好，一个月给我送一次，大小不挑，送来后马上和猪大骨一起煮，味道很鲜，好多人想来跟我学我都不教。

臭酸我从小就吃，一周起码两餐。现在我用的臭酸就是从外婆给的一小坛发展来的，到现在有100多年了，这坛酸还是我结婚时的嫁妆。臭酸以前都是自家吃，我们住在永济泉，那会儿还不像现在都是楼房，以前是一条街上家家挨着的平房，谁家想吃臭酸就到我家舀一点回去煮，不要钱。有时候煮臭酸，就在屋外支一口铁锅用柴火烧，住在周围的人端一碗饭就过来了。当时整条街的人都到我家讨臭酸，我家老太太做的臭酸特别卫生，她也特别会做。

臭酸一定要用油煮才好吃，油少辣少都不行，盐放多了会苦，同时辣椒要够。但以前条件不好，每人每月4两油，24斤米还搭一半杂粮。小时候做完工回来饿了，直接从坛子里舀生臭酸吃，放一点辣椒面，有时和腌辣椒、腌西红柿拌着就吃了。

酸汤鱼

臭酸还挺娇气，一不小心就会坏。臭酸喜欢潮湿的地方，不能晒太阳，存放它的坛子的内壁也要保持干净，封盖的水要每天都更换，不然很容易生虫。一坛新臭酸要有三分之一的老臭酸做底，最重要的是里面的肉一定要发酵到位。去年我失手了，搞了10坛，坏了3坛，当时一闻就知道不行，只能倒了。

要判断是不是腌成功——气味要呛鼻子，有发酵的味道，这个说不清，只有自己感受。以前妈妈做，我就在旁边看，看了几十年。我妈去世后，我就自己慢慢摸索。现在传给儿子也只能让他慢慢体会。

02

荔波人一个月最少也要吃两次臭酸火锅，像老话说的"三天不吃酸，走路打弯窜"，不吃酸没精神啊。现在家家住楼房，没条件做臭酸，毕竟味道叫人受不了。我大女儿就曾在南宁家里煮过一次，结果味道弄得整个楼道都是，还被人举报说有人家里马桶爆了。

火锅里的配菜是我定的，煮什么好吃我知道，除了固定的几样，其他都是跟着季节走。冬天是牛皮菜和青菜，夏天有红米菜、蒌菜、红薯尖、荠菜、广菜。我们这里菜多，煮臭酸一次起码也要放七八样，本地人喜欢吃蕨菜，夏天各种竹笋也可以放到锅里煮，又脆又嫩，非常好吃。

很多人都说我这里的菜甜、好吃，这是因为我只买从农村挑来卖的本地菜，大棚种的菜我不要。每天早上5点在大菜市，像甲良这些周边村镇的村民都会把菜拉到这里卖，也有不少是挑担从山上下来的农民，多是布依族、水族，他们种的菜和人一样朴实，不打药也不施化肥，一般就卖三四样，有了我全都要，价格也就比大棚栽的贵上一点。

长期打交道的，我们都认识，我知道他们打哪里来，在哪里种菜。有些最初是老人卖，后来老人走不动了就让儿子和媳妇过来，亲近地叫我姨妈，会专门给我留需要的菜，还会打电话告知摊位在哪里。辣椒我也只买本地的，甲良的辣椒饱满，出水不多，够辣，用来做糟辣和辣椒面最好。我开在荔波的两个饭店，每年要一千斤辣椒才够，都集中在夏天收。

炒臭酸用的五花肉我也专门去乡下买，因为他们还是用老一辈人的方式养猪，喂的都是玉米、菜、糠，价格贵我也要，他们自己养的我知道。吃到肚子里的东西要对身体好，贵一点也没关系呀，不然看病花的钱会更多。

大概从一年前开始，陆小妹慢慢把手艺教给
儿子。先教炒食材，放什么、放多少、煮多
久，什么都手把手教。

我知道他们打哪里来，在哪里种菜。

注重新鲜，（这是）我是从妈妈那里学来的。我做东西不放添加剂，打味碟的辣椒粉都是自己舂。你看我今年也65岁了，记性好，身体也什么病都没有，医保我年年交但几乎没用过，就因为我吃东西讲究。我们一家从不下馆子，前两天儿子订婚，一桌子十几个大菜全是女儿烧的，大家都说好吃。

03

大概从一年前开始，我慢慢把手艺教给儿子。先教炒，食材放什么、放多少、煮多久，什么都手把手教。前一段时间还教他怎么买牛肉。炒虾酸要用黄牛肉，这种肉又甜又嫩，不像养殖牛肉又粗又散，味道不行。炒也要特别注意火候，火大容易焦，火小又不香，臭酸也是，想炒得好就得想法子炒出鲜味。

我是快40岁了才出来开饭店的。改革开放前和爱人一起在酒厂上班，后来酒厂经营不善倒闭了，我爱人就买了一辆大车去柳州拉煤。甲良那边的坡又高又陡，当时雇的驾驶员不熟悉地形，一天晚上我爱人睡着了，人就跟着车（坠）下去了，他去世的时候才31岁。我爱人很勤快的，以前他在的时候都没我什么辛苦事，后来他走了，我就只能独当一面，做生意的同时带两个小孩。我文化水平又不高，以前家里困难

没办法供所有孩子上学，家里紧着让哥哥念书，读完小学我就辍学了。

我的生意从摆地摊开始，每天晚上我都在一个大桥上，煤气罐啊炉灶啊摆七八摊，完了再一个人全部背回来。那时每晚摊位前人都坐得满满的，当时小儿子就跟着我，每天都要等到凌晨3点收摊了才能回去睡觉，这也是为什么大家都叫他彭三点。小时候他调皮，到处跑，有人来吃东西，热了把鞋脱了，他就悄悄把人家的鞋丢得老远，找不到鞋的人来找我，他就一个劲儿在那里笑，再把鞋找回来给人家。

先前让他跟着我学做臭酸他还不愿意，心大什么都想干，我就给他说，如果你把这个搞好，不说大富大贵，至少也能生活，要是家里的餐饮你能坚持做好，那我相信你做什么应该都可以。后来他想通了，也就跟着学了。

常有人叫我"老顽固"，荔波话里"老顽固"就是身体硬朗的意思。你看我现在到哪儿都自己骑电动车，还能骑得和年轻人一样快。性格开朗，去买菜别人也喜欢跟我开玩笑。偶尔回想，这辈子我真算得上是辛苦，但也值得了。▪

荔波樟江的芦苇荡

四种当地酸酱，
无法标准化的味道

它们既无法被大规模复制，味道也没有统一的标准。每一代人都从上一辈人那里习得制作方法，且大多都是自幼耳濡目染。在制酸的过程中，每一个经手人都可以依照自己的喜好和想法与环境"对话"。

甲良的菜市场

有人类学家发现，人类天生具有分辨生熟的能力。这与人类意识里的深层结构有关，生与熟，恰好和常态与非常态两个结构一样，都是对立的。然而人类的食物还有第三种状态——介于生与熟之间的"半生不熟"①，这种状态的食物即腐食。列维-斯特劳斯提出了"烹饪三角结构"理论，即人类的食物分为生与熟、熟与烤、烤与煮、煮与熏。简单来说，生食具有自然属性，而熟食是将生食烹饪加工，即用文化手段使生食变成熟食。从生到熟，是一个从自然到文化的过程。而"腐食"这种介于生和熟之间的食物，具有"自然"与"文化"的双重属性。

在黔南布依族苗族自治州，当地特有的虾酸、臭酸及以独特方式制作的毛辣酸，在一定程度上构建了这里的饮食体系。尽管都是调味酱，但却呈现出罕有的奇妙色泽，它们的味道对于初次品尝的人来说也充满挑战性。从制作到食用，在不同的地域、不同的家庭中都会有微妙的差异。

虾酸以独山的最为好吃；毛辣酸，有人爱放酒，有人爱放糖；臭酸是空气、土地和气候微妙平衡下的发酵产物。在制酸的过程中，每一个经手人都可以依照自己的喜好和想法与食材"对话"，创造出更适合自己的味道，也创造更多有关食物的记忆。

这正是整个酸食系统中最迷人的部分。

①张馨凌.酸食的地域性研究——以贵州黔东南西江苗寨为例.百色学院学报，2015,9.

臭酸
niag tou①

01 | 02

01. 素臭酸成品
02. 素臭酸的原材料之一凤仙花

臭酸是黔东南一带极具地方特色的酸食，又名凑酸、雅酸。《酸食志》里提道："外地人闻之色变，即近锅边，也不敢下箸。"这种臭来源于自然发酵，独山县的"素臭酸"主要采用仲夏绽放的凤仙花制成，辅以当地盛产的青菜、鲜笋等时蔬，在时间和微生物的作用下变成一坛奇妙的浓稠酱汁，色泽如熟透的猕猴桃。而在荔波县，臭酸的主要食材是猪棒骨与河鱼，故又叫"荤臭酸"。将猪棒骨、河鱼、青菜、麦子等食材熬煮后密封于陶罐一到两个月，最后得到淡黄色的汤汁，气味刺鼻非常。从黔南州首府都匀到三都县城，再到独山和荔波，我们一路都能在菜市场和餐馆中寻得臭酸的踪影。

在当地人的记忆里，臭酸的出现与气候、自然，以及经济条件息息相关。过去，荤腥在百姓的日常餐桌上难得一见。为了补充油荤，有智慧的当地人就将宴席上剩下的猪骨鱼碎密封进陶罐，做成"荤臭酸"。一坛臭酸在完成后，只要密封得当就没有保质期这一说法。在当地人看来，臭酸是越陈越香。它不是工业标准化的产物，因此各家有各家的味道。

"素臭酸"的常见吃法是加入折耳根、辣椒面、酱油等凉拌后食用，也可作为调味酱在炒菜时增加滋味，最具地方特色的吃法是做成臭酸肥肠汤锅。

现在的"荤臭酸"更多用作调味酱，以"荤臭酸"烹制而成的食物中最具代表性的就是火锅。加热菜籽油，爆香葱姜蒜，大火翻炒五花肉、辣椒，然后放一勺臭酸，当臭味在高温中弥散，留下的鲜味就与油辣椒的香味裹卷在一起，层次丰富的味道沁在咕嘟咕嘟翻滚的菜肴中。

在荔波县城及周边乡镇，对于每月都要吃一两顿臭酸汤锅的人来说，在不可避免的城市化进程中，这汤锅的滋味让他们想起过去从田间劳作后回家就着臭酸吃米饭的通透酸爽。

①此处与第29页、第30页、第33页的拼音文字均为布依语。

01 | 02
01.虾酸的原材料之一
02.虾酸成品

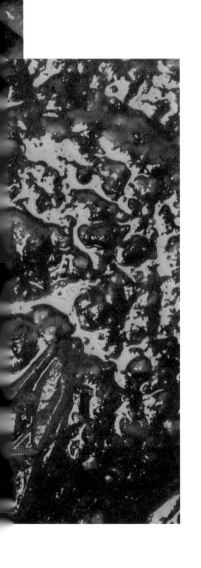

虾酸
ler sou

虾酸是独山远近闻名的三酸之一，"好喝不过茅台酒，好吃不过独山酸。"在不同民族的传统发酵食物里，虾酸所需的发酵时间最长，有的达到一年以上。相较臭酸的刺鼻，虾酸的腥酸味要温和不少。它是当地专门用来烹饪肉类食材——尤其是香嫩弹牙的牛肉的调味酱。因为虾酸的发酵是在虾、辣椒和糯米酒的共同作用下进行，所以其中所蕴含的酸、甜、辣和糯米甜酒的香最后都会渗入与之一起爆炒的牛肉里，虾酸牛肉这道菜在当地的餐馆随处可见。

据《贵州府县志辑》记载，虾酸的出现最早可追溯至明朝。与臭酸一样，虾酸是过去贫穷生活催生出的食物。流经独山的龙江河为当地带来了丰富的河虾资源，为了贮存荤食，生活在独山一带的布依族和苗族将当地盛产的独山皱皮辣、米酒和河虾一起密封于坛中，成为带荤腥的调味品，四季皆可食用。

每年清明之前，是龙江虾的成熟期。此时开始制作虾酸可以缩短发酵的时间。龙江虾体型较小，长度仅有1～2厘米，洗净沥干之后直接入坛，再倒入白酒、盐，密封发酵至少半年。坛内的虾肉被微生物分解成肉泥，再放入糯米酒、打碎的辣椒和食盐，继续发酵三个月便可大功告成。也有耗时较短的做法：首先在洗净沥干的河虾上洒上盐水，放在阴凉处自然风干，然后将毛辣果、辣椒和去皮的新鲜仔姜、大蒜一起擂碎，再加入糯米酒、盐和风干的河虾，装坛后密封，发酵两个月即可。

毛辣酸
lei ei nra

毛辣果是一种产自贵州的蔓生番茄，又叫毛辣角，个头娇小，色泽红润，用它熬制的红酸汤酸甜浓郁。贵州最具代表性的菜肴之一酸汤鱼，其底料中的酸就来自发酵的毛辣果。长居贵州的苗族、水族、布依族和侗族都有一套制作毛辣酸的手艺，但又因受到地域风土的影响而滋味各异。除却食物本身，毛辣果在贵州的酸食系统中也有一定的文化象征意义。苗族古老的调子这样吟唱道："天空无云亮堂堂，溪流河水声潺潺，五谷丰登稻花香，毛辣果熟红彤彤，摘来煮成酸鱼汤。跟着我归去，那才是你生活的地方。"

贵州盛产毛辣果，《贵州通志·风土志三·方物·植物》早有记载。

野生毛辣果成熟于仲夏，明朝有诗云："累累朱实蔓阶除，烧树燃云六月初。"常见的加工毛辣果的方式是将其去蒂之后洗净沥干，直接放入坛中，加水、白酒、盐、生姜和当地特有的香料木姜子，密封半个月左右便可食用。居住于荔波一带的布依族则习惯仅放米酒和水，喜欢甜一点的人还会加糖。毛辣酸的包容性很强，酸甜开胃，无论煮汤还是炒菜，任何食材都可以融入一锅毛辣酸汤里，大到酸汤鱼，小到街巷中的酸汤粉，都有毛辣酸的踪影，如果觉得味道不够，还可以添加。

01 | 02

01.毛辣酸成品
02.毛辣酸的原材料之一"毛辣果"

糟辣酸
ler sha ber

糟辣酸是贵州最常见的酸。炒、煮、蒸、凉拌，糟辣酸适用于各种常见的烹饪方式。原产于南美洲的辣椒在明朝传入中国，在清朝康熙年间传入贵州，易于栽种的特性使其能很好地适应贵州复杂的气候，至乾隆年间，吃辣椒在当地已形成一股风气，到了清末，辣椒已普遍存在于贵州各地，品种因地而异。糟辣酸的出现同样与食物贮存有关，将辣椒与盐、酒、姜和蒜一起密封于坛，月余便可食终岁。

发酵后的辣椒又酸又辣，能够刺激胃酸分泌，提高食欲，不仅提升了食材的味道，也帮助生活在贵州潮湿闷热气候下的人们"散寒、温中"。
糟辣酸的制作时令因辣椒收获的季节而异。在荔波甲良镇，当地人通常在仲夏时节采摘辣椒，这时的辣椒鲜艳饱满，籽多且水分刚好。将辣椒洗净剁碎，加入盐、仔姜、大蒜和当地的糯米酒。不能见油，否则会生霉，在当地叫"开花"。塑料瓶也是发酵糟辣酸的常用器皿，放好材料，拧紧瓶盖，最快一周便可食用。**F**

02　01.糟辣酸的原材料之一
01　02.糟辣酸成品

彭兆荣：地方风味，是从身体到文化的系统感知

"全球化与地方性，永远是同时出现又一直在拉锯着的力量。"

彭兆荣

联合国教科文组织（UNESCO）人与生物圈计划（MAB）中国委员会委员、厦门大学人类学系主任兼人类学研究所所长、厦门大学旅游人类学研究中心主任、中国人类学学会副会长兼秘书长。

专著：《旅游人类学》《遗产：反思与阐释》《饮食人类学》。

做酸是一种贮存食物的方式，也是自然选择

我第一次去贵州是在1984年读研究生时，一直待到1994年去厦门大学任教，我在贵州一待就是10年。初到贵州，印象最深刻的是酸汤鱼，在当时，苗族这些少数民族吃酸汤鱼就像过节一样，就像汉族过年才吃饺子，酸汤鱼也不是天天能吃的菜。我认为贵州人爱吃酸有三个原因。

第一个，与自然环境、人的身体有关。人会根据自然环境选择让自己身体舒服的饮食方式。就像重庆人喜欢吃辣，为什么？因为重庆很湿热，人吃了辣以后大量出汗是可以祛湿的，所以说饮食和自然环境、人的身体有着密切关系。贵州南部也非常湿热，吃酸能够平衡体内寒热。第二个，"酸"其实体现了一种储存方式。我曾经在黔西南、黔西北做过很长时间的田野调查，那里天气很热，过去又没有冰箱，贮存方式无外乎是把食物弄得非常咸或者非常干，比如熏肉、腊肉这些。要么就是进行发酵，再密封贮藏。这就是少数民族在特殊的地域环境里，尤其是比较湿热的地方处理食物的方式。第三个，在我看来，"酸食"使用的原料是当地的原生物种，比如在贵州凯里，最有名的是酸汤鱼——苗族的酸汤鱼。我们现在对酸的认知好像就是用醋来调味的，但是酸汤鱼的酸是用当地产的小西红柿（毛辣果）做的。其他东西很难替代这样的味道，这是当地自然物种的不可替代性。

酸汤鱼与身体记忆

到贵州旅游，随处都能见到酸汤鱼这道招牌菜。酸汤鱼对于黔东南地区的人们来说，与个人生命和身体表达联系在一起，是带有思维形态上的象征的，当地人赋予它的意义是不一样的。有人类学家在研究侗族酸食时得出一个结论："唯有在适当的季节、适当的场合或节日中，食用特定的食物，才会感受到食物与季节、节

庆活动之间的关系，也才会经由食物来进一步体验、记忆该节庆活动与其人群或个人的关系。"

近年来，人类学家开始从身体感知的角度切入进行研究，认为人能够体察、感知具体细微的世界。黔东南的少数民族受到地理和气候的影响，种植的作物与饮食习惯都十分类似。每年农历七月中旬，田里的稻子开始抽新穗，在下地劳动的时候，大家要吃辣椒、米饭和"酸"补充体力。到了新米节，就从辛苦劳动吃"酸"的季节，进入了等待收成吃"甜"的季节。到了农历九月底十月初，糯稻收割前，当地人开田放水，捕捉田里的鲤鱼，既吃鲜鱼也腌鱼，"吃酸"相对于"吃甜"有了明确的区分，前者代表着吃苦、下地耕种，后者代表享乐与休息。

人用感官感知周围是理解这个世界的开始，人类虽然拥有共同的感官能力——看、闻、听、触、尝，但却有不同的"文化习得"和认知经验。食物的味道是最初的最直接的刺激。在贵州，吃酸食成为当地人的日常生活，并且逐渐融入更多的群体体验中，我们可以看到，食物在很长的时间里都是人类理解世界、建立社会结构的工具。

地方风味在全球化时代的意义

食物与其所蕴含的生命哲理是需要我们去体验的。我隐约有这样的感觉，离开了某一个地方，食物的味道会发生改变。这涉及所谓的"饮食性"，"饮食性"被借用，或烹饪技术发生改变，"原汁原味"就被打破了。或者说，"原汁原味"是一种立体的感知。

"饮食"是联合国的重要议题之一，联合国教科文组织《人类非物质文化遗产名录》中有七项为饮食文化遗产，分别为法国美食大餐；地中海饮食文化；传统的墨西哥美食；土耳其"仪式美食传统凯斯凯克"；和食，日本人的传统饮食文化，以新年庆祝为最；泡菜的腌制与分享，大韩民国；朝鲜泡菜制作传统，朝鲜。

饮食自人类文明诞生以来就一直存在。但是，为什么在今天，饮食会成为一个凸显出来的话题呢？

第一，是饮食安全受到了巨大的挑战。以前我们没有"饮食安全"的概念，因为大家都没有觉得食物会有什么安全问题，但现在的食品含有各种添加剂，它们对我们的身体乃至生命会造成多大的危害，到现在都还没有明确的结论。

第二，就是交通运输的全球化带来的影响。过去的饮食习惯是区域性的，有些地方比较闭塞，当地的文化、生活方式跟人们的饮食习惯是匹配的，因为交通不便，所以保留下了"原生态"。如今，随着交通越来越发达，这些地方和当地的饮食也被发掘出来了，随着旅游业的兴起，那里的饮食风味也开始受到挑战。

中国的传统文化提倡"本味"——"调和鼎鼐、善均五味"。而"本味"里第一个就是要尽可能保持原材料的原生性与自然性，第二个是烹饪技术，这是基于身体记忆、历史环境、地方文化的感知。我们把食材与古代饮食智慧两个因素结合起来思考的话，就会发现，现在的第一个条件——做菜的原材料，已经脱离了时间和空间的限制。我们在厦门可以吃到海鲜，在青藏高原也能吃到海鲜，在高原吃到的海鲜要空运过去才能保持新鲜，但是让它保持新鲜的水不一定是海水。那么你觉得会不会影响"本味"？有时候我们讲"地道"的味道，指的是身体感觉，饮食思维就是在具体的饮食活动中包含哲学的、抽象的、形而上的思维活动。

在快餐的全球化过程中，"风味"这种东西，反而被提出来了。如果我们的饮食没有个性，没有风味，没有特点，天天吃麦当劳，吃肯德基，那还有什么乐趣可言呢？各种快餐和简餐的大量出现，激发了人们对风味的需求和文化的认同。我们要相信，在世界发展的过程中，"全球化"往一个地方走，"地方性"就会往另外一个方向生长，它们是同时出现的，永远拉锯纠缠着。当饮食的全球化全面铺开的时候，麦当劳、肯德基在全世界开店是一个方向，而另外一个方向是人类会努力地把自己的记忆和文化中与身体表达、身体感受相关的那种风味和饮食习惯保留下来，这也是人类对文化多样性的本真需求。要不然世界上所有的饮食文化都变成一样的了，这是最大的悲哀，所以相信这一点：饮食多样性就是文化多样性的表达。

地方智慧的未来

城市化的表面趋向大家都看得到——用大量的土地盖高楼。第二个趋向呢，就是农村的人往城里跑。（根据）第七次人口普查的结果，中国的城市人口已经占据了总人口的63.89%。城市难道这么好吗？现在所有的城市基本上都是一样的，除了自然环境，上海与福州其实没有差别。交通都是靠地铁，出门可以打网约车，到处都可以看到外卖送餐员，表象上的这种同一性会使原来地方性的多元文化消失。但是事实上城市真有这么好吗？

城市的"好"是被制造出来的，我认为并不客观。如果和乡村比，在我看来，乡村是安静的，城市是喧闹的。乡村的生活节奏是日出而作，日落而息，城市的作息时间和自然时间是脱离的，跟日升日落是没有关系的，比如熬夜、作息不规律。城市的生活不接地气，都生活在高楼上，乡村的生活是在土地上，你可以闻到泥土、农作物的芬芳。农村是"熟人社会"，城市里的我们甚至懒得关心自己的邻居是谁。

我认为，被制造的好不是真正的好，或许有一天，我们会突然

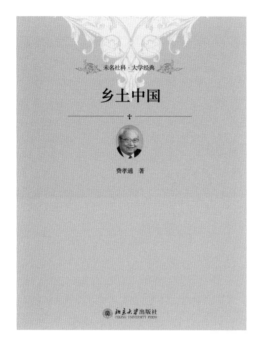

本名社科·大学经典

乡土中国

费孝通 著

北京大学出版社
PEKING UNIVERSITY PRESS

《乡土中国》书籍封面

发现，这些高楼就像牢笼，然后就想回到祖先、父辈们生活过的地方，想闻到大自然的气息，想触摸动植物。难道我们非要到那个时候才会发现，哦，我们的故乡原来没有了。我认为地方知识和乡土智慧是考验社会的一个重要的价值界碑。我相信国家提出乡村振兴，其实已经意识到这个问题，这是对城镇化的一个刹车。我认为中华民族几千年的文明就是社稷文明，什么叫社稷？"社"指社神，土地之神；"稷"是小米，就是谷物之神。中国自古以来就是在土地上种粮食繁衍生息的国家，文明的根基永远都是乡土性的，这就是费孝通在《乡土中国》里表达的。所以我们可以相信地方乡土智慧，这种文化多样性也一定会维持下去。🄵

发酵在都市

在都市，所有的工作都围绕着人展开，人只能与人对话。但近代以前，甚至在更遥远的过去，森林、海洋、土地……都是人们日常交流的对象。

知觉食堂（OHA EATERY）[①]：
创意菜的灵感源自贵州，
从山地茂林中感知
自然的智慧

在中国贵州出生长大，后又到美国、欧洲求学，不同文化背景下的生活经历拓展了刁唯的视野；从建筑设计、艺术创作，到现在的餐饮经营，在不同领域的积累拓宽了她在餐饮表达上的外延。在饮食文化全球化的今天，独特的口味与观念的传达对一家餐厅来说，变得越来越重要。知觉食堂（OHA Eatery）选择将西餐与贵州菜结合的创意菜呈现给大众，在观念的表达上，刁唯提到最多的词是"真挚"和"独立性"，在她看来，只有与食客、自我，以及地方产生真挚的联结后，才能把味觉、体验与感受传递出去。发酵是贵州菜的灵魂之一，在发酵过程中，菌群往往敏感于季节的轮转和物候的变化。感知自然与时间，这也是OHA品牌想倡导的价值。

①位于上海安福路的创意餐厅，主打将中国西南山区的食材与现代烹饪技法结合在一起的菜式。

知觉食堂（OHA Eatery）

知觉食堂（OHA Eatery）隐匿在安福路一幢寻常的老建筑里侧，吧台式的餐桌旁，食客都围坐在一起，每天慕名前来的食客络绎不绝，午餐和晚餐需要提前三天预定。经营者刁唯将知觉食堂（OHA Eatery）定义为"提供具有现代风味，同时重视贵州地方食材与时令文化的都市餐厅"，她邀请了在巴厘岛 Mozaic 西餐厅工作了 5 年的厨师布莱克（Blake）担任主厨——Mozaic 西餐厅曾被**乔尔·卢布松**[②]称作巴厘岛最好的法式餐厅，也曾被米其林多次评为亚洲餐厅 50 强之一。刁唯评价主厨布莱克（Blake）："我觉得食物对他来说比较像一个玩具，他可以通过这个玩具跟别人沟通。"

刁唯来自中国贵阳，高中到研究生期间则辗转于美国和欧洲，毕业回国之后曾在贵阳经营了一间鸡尾酒酒吧，后来到上海开了知觉食堂（OHA Eatery）。面对这座蓬勃发展的都市，刁唯希望能在市场中创造一种独特的表达。表达什么？首先是食物带给她生命的启发。刁唯

相信食物与身体的联系，以及从中生长出的文化个性和社会创造力。"吃进嘴里的东西最终实实在在地成为人的骨与血肉，而在吃之前，食物的样子与味道都启发着人去思考。" 2019年冬天，刁唯对哥本哈根的 Relae、Noma、Geranium、108 等一系列闻名于世的餐厅进行探访，凛冽的气候让她对于那里顺应自然、讲求平衡和尊重万物的价值理念有了切身的体会。她在推文中这样写道："我们猜想，北欧厨师习惯运用当地食材，讲究季节风土，大概也是因为自然界对于生活在这里的人来说是庞大威严的，而人本身是渺小脆弱的。一根路边的野草，一只蚂蚁都值得人们去了解、去品尝、去很好地珍惜"。

刁唯还一直保持着贵州人的饮食习惯，她希望创造一个体验不一样的生活的机会，将抽象情感融入与都市消费者相连接的场景。知觉食堂（OHA Eatery）的运作体系里，团队成员花费最多时间和精力的板块就是对地方食材的探

②法国著名厨师，世界上拥有最多米其林星星的主厨（25 颗星），也是业界公认的"世界四大名厨"之一。

索、发掘和呈现。菜单每月出新，团队成员每隔几个月都会轮换着去贵州，足迹已经从城市深入到了村落，而刁唯则为探访提供了大量当地文化和社会习俗的信息。

在收到刁唯的邀请前，布莱克（Blake）从未到访过中国。接受邀请后，他实地走访了贵州山区的多个村寨，遍布山林的乡野食材，用当地特有的香辛料进行烹调，这是布莱克（Blake）从未见过的烹饪系统。擅于在当地取材的他，把从贵州收获的灵感与自己娴熟的法餐烹饪技法融会贯通，用一种创意烹饪的方式放大了贵州菜的风味。用水豆豉搭配牛舌，把卤水猪耳用法餐的烹调方式做成圆冻，用当地的虾酸制作饺子……店长埃尔莫（Elmo）说布莱克（Blake）非常擅于将各种味道以不同质感融合在一起，形成完整而新颖的味觉体验。大胆、真诚、充满创造力，这正符合刁唯对知觉食堂（OHA Eatery）主厨的预设，她至今记得自己第一次品尝到布莱克（Blake）手艺时的感受，"他让我感受到食物制作中少有的创新能力与魄力。"

2020年冬天，在距离知觉食堂（OHA Eatery）不到3公里的复兴西路上出现了一家主打贵州风味的火锅店"毛辣果"，这是比知觉食堂（OHA Eatery）更具"贵州感"的餐厅，厨房由布莱克（Blake）的徒弟厨师洋（Yang）主导，不同于贵州当地风味的酸汤鱼和加入了虾酸酱的牛肉汤锅成了顾客们的热门选项。从餐厅二层的玻璃窗向外望去，正好可以看到街道上的梧桐。刁唯提道："在空间的表达上，我们就是要找到一个真挚的出发点，然后去完善它。拿'毛辣果'来举例，它是一家贵州菜餐厅，这个空间想要表达的就是我对贵州的一种感觉，它是亲切的、刺激的，又非常具有诱惑力。所以晚上到访店里时，一楼的吧台会给人一种洞穴里面生起一堆火的感觉，特别原始，同时也散发着人与人靠近时的温情。二楼的设计是还原街景的感觉，因为在贵州，很多吃饭的地方不过就是在户外支一张桌子，头顶有一个吊着灯的顶棚，那种灯光的氛围就是在街头巷尾吃夜宵的氛围。三楼则是一个农家小院的宽敞露台。"

从知觉食堂（OHA Eatery）到毛辣果，我们都从中隐隐感受到饮食背后隐藏的生活价值体系，这个体系和刁唯具备的特质很像：有开阔的视野、自由自在的生命力，对气候敏感，重视真诚，赞扬劳动的美。刁唯会透过店里的玻璃窗观察梧桐的叶与枝干，观察麻雀的身影，从中感知四季的变化。谈及伙伴，她的描述中常以不同植物做生动的比喻。过去她常在后厨帮忙，对讲机里匆忙的话语与餐厅的喧嚣、接待前的准备和与客人的互动，这些在她的叙述里就像是一曲悠扬温柔的交响乐。刁唯保留着在露台种菜的习惯，但只要有机会，露台上一定会有一块试验田，她记得地里每一种作物的生长、收获时节，从中感受着劳动和土地的魅力。

这些柔软的细枝末节不自觉地成了知觉食堂（OHA Eatery）性格气质的一部分。

布莱克（Blake）

知觉食堂（OHA Eatery）主厨

布莱克（Blake）来自新西兰，11 岁开始学习烹饪。从美国到澳大利亚，又在印度尼西亚 Mozaic 餐厅任职主厨 5 年，之后他决定搬到上海开始新的冒险。现在是 OHA 集团的合伙人，也是 OHA 上海 5 家餐厅的行政主厨。

刁唯
OHA 主理人

知觉建筑工作室 OHA Shanghai 设计师，曾就读芝加哥艺术学院艺术和建筑设计专业、
多莫斯设计学院室内与环艺设计专业，后获得威尔士大学文学艺术专业硕士学位。

"我们可以贡献给这个市场一些独特的、为我
们所特有并与我真正产生联结的东西。"

访谈（INTERVIEW）

**远方之地：你为什么会选择来上海开一家贵州地方风味的餐厅，
并找到布莱克（Blake）做主厨？**

刁唯：我先是有开一家店的想法，同时我自己也想回国。之前我在贵阳就经营过一家酒吧，后来
在打算搬到上海之后，我意识到我可以贡献给这个市场一些独特的、为我所特有并与我真正产生
联结的东西，当时想到的就是开一家有西方元素但同时更具地域特色的餐馆。在国外的经历让我

意识到一点：西餐也有两种形式，一种是家庭式的，一种是商业的。如果要开一家连锁餐厅，那就是大家最了解的形式。但如果想要开一家更真诚的小餐厅的话，你必须要清楚自己喜欢吃什么，什么是你真正会做的。西餐我虽然吃了十几年，但却说不出对它有多么深的理解和感情。但贵州菜不一样，它建立了我的饮食观，存在于我最美好的记忆中，在无意识间我已经对它有了非常深的认知和感情。我们开始寻找厨师的时候忽然遇到了布莱克（Blake），他做的食物是我之前从未尝试过的，让我感受到食物制作中少有的创新能力和魄力。于是我向布莱克（Blake）发出邀请，问他是否愿意去一趟贵州。在贵州走访的过程中他仔细了解了当地的地域特点、各种香料以及食物制作方法。

远方之地：那OHA想表达的是什么，或者想传达的价值是怎样的？

刁唯：我想传达的价值其实不止一种，我想让大家感受不一样的东西。我们做的事情其实跟餐饮行业很疏离，团队的主要精力都放在研究美食体系，研究美食与客人之间的关系上。目前我们并没有把它当作纯粹的生意来做，而是当成生活，带着一种对生命的好奇。希望通过我们的经验，把一些抽象的情感和认知转化成和消费者有联结的一种场景。这个场景可以是餐厅、酒吧、咖啡馆，等等。它可能只是一个媒介，是我们想要表达的一种观点，需要大家进到里面去了解、感受，去生活。

远方之地：OHA主要面向都市的客人，它的内核又是地方性的。
经营几年之后，你们感觉上海对地方文化的需求是什么样的？

刁唯：我认为关注（地方）文化的人不多。即使我们在做的OHA，它是一家很有贵州地方特色的当代餐厅，我仍然觉得来我们店里会关注文化部分的顾客可能只有30%。这和我最开始的设想差距很大，我期望至少60%～80%的客人真心关注我们到底在做什么，而不是它的热门和时髦。很多人经常说贵州火了或者云南火了，但是"火"的意思，对于他们来说可能就是有人关注所以我也要关注。为什么要去关注呢？这些问题大家很少问自己。时代发展的脚步非常快，而所有的信息交换都停留在一种极度肤浅的消费形式上，消费者也不能从这样的模式里获得真正的满足，所以他们很快就要锁定下一个新的东西来追捧。

布莱克（Blake）：我觉得居住在上海的人喜欢不一样的旅程，想获得有趣的经历，因循守旧的话是不能满足这里的人们的。在做菜这件事上有两种思路，一种是按照传统的或者说既定的方法来做，另一种思路是打破固有模式，尝试一种新的、有趣的烹饪方法。把尝试成功的菜呈现在顾客面前，某种程度上像是在对顾客的品位进行培养。我觉得我们用的是后一种思路，它是独特的。

远方之地：OHA 系列餐厅在上海都很热门，
你觉得主要的原因是什么？

刁唯：我觉得人的天性还是想靠近美的，但是很多时候大家的这种天性又会被周围的声音误导。比如说一个女孩子之所以会去整容，也许是她没有意识到自己美的那部分，也许只需要简单地找到更适合自己个性的衣着就可以脱颖而出，没必要大费周折地把自己打造成另外一个人。文化也是，很多人隐约觉得某个东西很吸引人，喜欢去拍照打卡，但其实真正吸引他们的也许并不是去一家热门的餐厅拍一些照片，而是这家餐厅有着沉甸甸的文化中所包含的真心，那是一种异于消费主义、利己主义的别样价值观，非常吸引人，大家通常以为吸引自己的是表象，但其实吸引他们的是更深层次的东西。

"贵州的烟熏笋让我想起了香草荚，我用它做了甜点。"

远方之地：你记忆中的，或者你所了解的贵州的食材及烹饪方式
有多少被用在了目前的 OHA Eatery 及毛辣果的菜单上？

布莱克（Blake）：因为我来自新西兰，而很多贵州的食材，如香料等，在新西兰是没有的。所以对于我来说，它们是全新且独特的事物，我可以不带成见地去看待这些食材及一些烹饪技巧，回到食材、香料的本味，做一些不一样的尝试。一些当地的食物会使我想起过去吃过的某种东西，而这也会给我一些灵感。比如烟熏笋，味道很像香草荚，所以我就用它做了甜点。烹饪是一个不断试错的过程，在尝试的过程中找到合适的口味。

远方之地：你们是否有一个专门研发食材的团队？

刁唯：我们没有一个固定的研发团队，每个厨师都可能参与到研发过程中。很多时候是 Blake 自己做一些东西出来，也有时候是他告诉别人，要用什么食材去做一个什么菜。还有些时候其他人自己就会产生一些想法。所以我们整个团队还是比较有创造的活力。我们也没有一个特别严谨的创新计划，研发是一个相对自然的状态。

远方之地：你们会依据客人喜好取消一些菜品吗？

刁唯：不会，但我们会首先让一些比较信任的常客试吃，根据反馈，再反思调整，但不会因为客人不喜欢就直接取消。

远方之地：你们会对当地的采购有要求吗?还是对方买到什么你们就做什么？

刁唯：我觉得这也比较有随机性，有时候他们会给我们一些建议，说这个还可以；有时候我们也会去查找，厨师团队提出需求后，采购去找。如果找到一种材料我们很需要，但它特别有季节性，我们就会买很多，把它们全部做成酱汁或酒，然后冷冻起来。有时候厨师团队做菜的边角料，调酒的团队也会拿过来变成酿酒的原料，然后觉得"诶，这个也还挺好的"。毛辣果的甜点是用我们做 Drip wine 的余料做的。Drip wine 是将水果榨汁，之后再澄清，澄清出来的那些悬浮物其实是非常细的果蓉，我们就用那个果蓉做甜点。

远方之地：你们也自己种菜？

刁唯：对，我们自己也种一些蔬菜水果，像番茄、芦笋、白菜、抱子甘蓝、玫瑰茄、豌豆、佛手瓜、秋葵、树莓等，但产量很小，就自己吃，这对于我个人很有意义。你可以看到它在生长的过程中如何变化，开花结果，去品尝它的味道。这个过程其实就有一些生命的智慧和能量在里面，我觉得大家都应该去体验。

"独特的风味会引发人们思考自己吃到的到底是什么。这是更丰富的认知正在形成。"

远方之地：去过贵州也下过田野，让你印象最深的是哪一部分？

布莱克（Blake）：其实很难讲是哪一种具体的东西让我印象深刻，有时是一道完整的菜，有时是食材。比如说木姜子这种食材，在上海通常用的都是干的，但是在贵州会用新鲜的，味道就会有很大差异。把它们带到上海来，那个味道就不见了，神奇的就是它总是在变化。

01 | 02 | 03
04 | 05 | 06

01.腌制泡菜，OHA大部分泡菜都自己腌制，常
有鲜见的食材，比如野姜花

02.烹调过程

03.正在发面

04.半成品

05.半成品

06.即将完成摆盘

远方之地：你在贵州第一次接触到酸时是什么样的体验？

布莱克（Blake）：第一次接触酸是在贵州吃白酸汤煮猪脑，味道非常特别，我当时就想：啊，这里面放了多少柠檬草和橙汁啊？然后别人告诉我那个味道来自稻米，我非常惊讶，因为过去从未听说过。不过我尝试之后觉得确实很棒。

远方之地：在巴厘岛你做的是将法餐与当地食材进行融合，在OHA也是。我们很好奇，你会把很多在地的东西融合成好像大家都可以接受的味道，但是又保留了当地的一些特色，这是如何做到的？

布莱克（Blake）：首先是做各种尝试。其次在尝试过后找到可以让一道菜成功的原因，并从中提炼出几种元素和制作方法。利用这些元素和制作方法，通常就可以做成一道菜品了。实际情况要比这个复杂，因为总是存在着变量，无论是环境的还是食材本身的，比如说今天干燥一些，而明天又比较潮湿，这些都是影响因素。所以最主要的还是不停地尝试。

远方之地：为什么很喜欢地方性的食材？

布莱克（Blake）：因为没人知道该如何使用它们，不是吗？它们都非常独特，不属于常用的食材。当你以一种特定的方式把它们放进菜里时，就会获得一种非常独特的风味。这就会引发人们思考吃到的到底是什么，甚至一些厨师也会跑过来问我菜里用的是什么香料或食材，会刺激大脑思考。

远方之地：发酵是一项很古老的技术，而它和贵州的饮食文化又联系紧密。你们对发酵有什么样的看法或感受？

刁唯：发酵是和乡土紧密联结的技术。人类发展发酵技术的起因，是过去我们没有长时间贮存食物的方法。在长期使用发酵技术的过程中，我们对季节、地域变得敏感。贵州在过去是经济欠发达的地区，有很多山，交通很不便利。这使得那里的人们自然而然地"求助"于发酵技术，它使食物能够长时间保存并易于运输，因此对当地人来说意义非凡。回溯发酵被应用的历史，对我们会是一个很好的提醒——过去，受制于自然的人们，是如何珍惜食材，又如何感知自然，在应用技术的过程中敏感于季节的轮转和物候的变化。珍惜食材和食物，感知自然与时间，这是我们想赋予OHA这个品牌的内在价值之一。🄵

老汤墨鱼
Ten Year Soup Octopus
烟熏竹笋、海蜇、豆瓣菜

用来炖章鱼腿的老卤是一种独特的汤汁 —— 在贵州，人们通常用它来烹制肉类，而不是海鲜 —— 然后浇上烟熏笋的酱汁，摆上海蜇和豆瓣菜。

小洋葱
Little Onion
发酵黄豆酱、天贝、海葡萄

这道菜的基本做法是将闻起来像虾酱的豆豉做成类似于"苏比斯调味汁"口味的酱料，因为天然的甜味很好地弥补了天贝（发酵大豆）的影响，然后将其放回洋葱中，加入海葡萄和炸天贝以增强其质感。

野生蘑菇脆浪
Wild Mushroom Wave
黑蒜、豆腐、炒米

野生蘑菇与炖肉，配以自制豆腐和黑蒜制成的泥，放在香脆的炒米脆浪上。

林中鹿
Braised Venison Shank
甜菜根辣椒泥、糖渍芹菜根、叻沙叶

用贵州香料炖出的新西兰鹿小腿肉，用其本身的汤汁装饰，然后撒
上炒米和烤核桃肉，并在一边摆上烟熏辣椒、甜菜根和
糖渍芹菜，最后放上叻沙叶泥和少许青辣椒收尾。

烤无花果沙拉
Roasted Fig Salad, Moldy Tofu
腐乳、辣椒、糖渍无花果叶

爆烤无花果，加上用发酵米液制成
的白酸汤，放在用腐乳和五香粉制
成的菜泥上，并用萝卜和糖渍无花
果叶装饰。

发酵
如何影响了
都市的生活方式？

它们都是和城市生活息息相关的发酵饮品，
影响了我们当下的生活方式。

城市里的面包房

酸奶、啤酒、咖啡等发酵物，让我们与微生物之间建立了相对直观的联系，它们的历史大多以千年为计数单位。第一次的发酵充满了意外性，但之后却成了人类的主动选择。四千年前，游牧民族一次远行意外促成了奶的发酵，于是有了最早的酸奶。在《不生不熟：发酵食物的文明史》里，作者玛丽·克莱尔·弗雷德里克将"发酵"定义为人类文明的催化剂：面包的发酵让早期人类更有动力去驯化谷物；学会用野生葡萄酿酒后，人们才开始有意识地去种植葡萄。发酵是鲜活的、充满创造性的变化，人们通过认识规律而使用它，一直延续到今天。

一些对酸奶、啤酒、咖啡熟悉的人，给了我们一些看待微生物世界的新视角。游牧民族的传统食物——酸奶成为都市饮品以后，工业化生产对乳酸菌种的研究培育，能够满足人们不同的功能性的需求。

19 世纪后期，精酿啤酒在美国蓬勃发展，它的口味多变，成为年轻人的选择。

咖啡浪潮席卷了中国，独立精品咖啡店在城市中大量涌现，一杯咖啡的名字后面有了更多的后缀：花果香、烘焙程度、发酵方式，多元的风味及产地备受咖啡爱好者们的青睐。在采访中，我们理解了咖啡与土地风味之间的关系。

它们都是和城市生活息息相关的发酵饮品，也影响了我们当下的生活方式。

酸奶：

"对于菌种的科学研究，
能为人们带来更多功能性选择"

酸奶在城市中的普及，得益于乳酸菌对人体肠道益处的研究和科普。20世纪初，"乳酸菌之父"、微生物学家与免疫学家梅契尼可夫注意到了保加利亚的长寿村落，他对当地人日常食用的发酵乳制品进行了研究，发现其中含有大量乳酸菌。他认为乳酸菌能够降低肠道中病原菌的活性，保持人体肠道的生态平衡，可以益寿延年。

酸奶可以说是非常具象的发酵产物。据野史记载，酸奶源自数千年前游牧民族的一次远行，他们存放于水囊中的牛奶在长途跋涉中意外地发酵成了酸奶。

为了了解发酵与酸奶的关系，我们采访了西南大学食品科学学院食品科学系的系主任索化夷教授。

年轻时，索化夷想去远方闯荡，结果在中国地图上"画"了一条对角线，从东北来到西南。他耗费9年的时间收集了2000多株菌种，他对工业化乳制品的看法，也使我们对发酵食物有了更多的思考。

索化夷
西南大学食品科学学院食品科学系系主任、教授、博士生导师

访谈（INTERVIEW）

远方之地：最初的发酵物是如何产生的？

索老师：发酵最初是偶然发生的，然后人类用自己的智慧总结出了其中的规律。最初人类制作发酵食物的主要目的是贮藏食物。传统食品的贮藏方式，很多是冬天埋在雪里或者藏在地窖中，但是南方很多地区没有雪，反而让西南地区的发酵手段变得很丰富。为了贮藏食物，要么发酵要么盐渍，这是两种主要的方式。

远方之地：酸奶和发酵乳制品最初是游牧民族特有的吗？
对游牧民族饮食文化有怎样的影响？

索老师：游牧民族食用酸奶的历史有三四千年了。游牧民族驯养成群的牛羊，当牛羊奶多起来以后，就面临着贮藏的问题。在贮藏过程中肯定会有一些菌种（混）进来，这些菌种中乳酸菌逐渐获得优势，鲜奶就变成了酸奶。对于游牧民族而言，酸奶还有一个重要的作用，就是代替盐来提味。游牧部落的生活环境中少盐，调味品少。酸奶的酸味对他们来说就很特别，当他们喜欢上这个酸味后，就开始刻意做一些酸奶食用。除了代盐以外，酸奶还有一个重要的作用，就是补充维生素。游牧部落蔬菜水果很少，（可以）摄入的维生素比较少。酸奶经过发酵，产生了一系列的维生素，食用酸奶也可以补充当地人日常对维生素的需求。

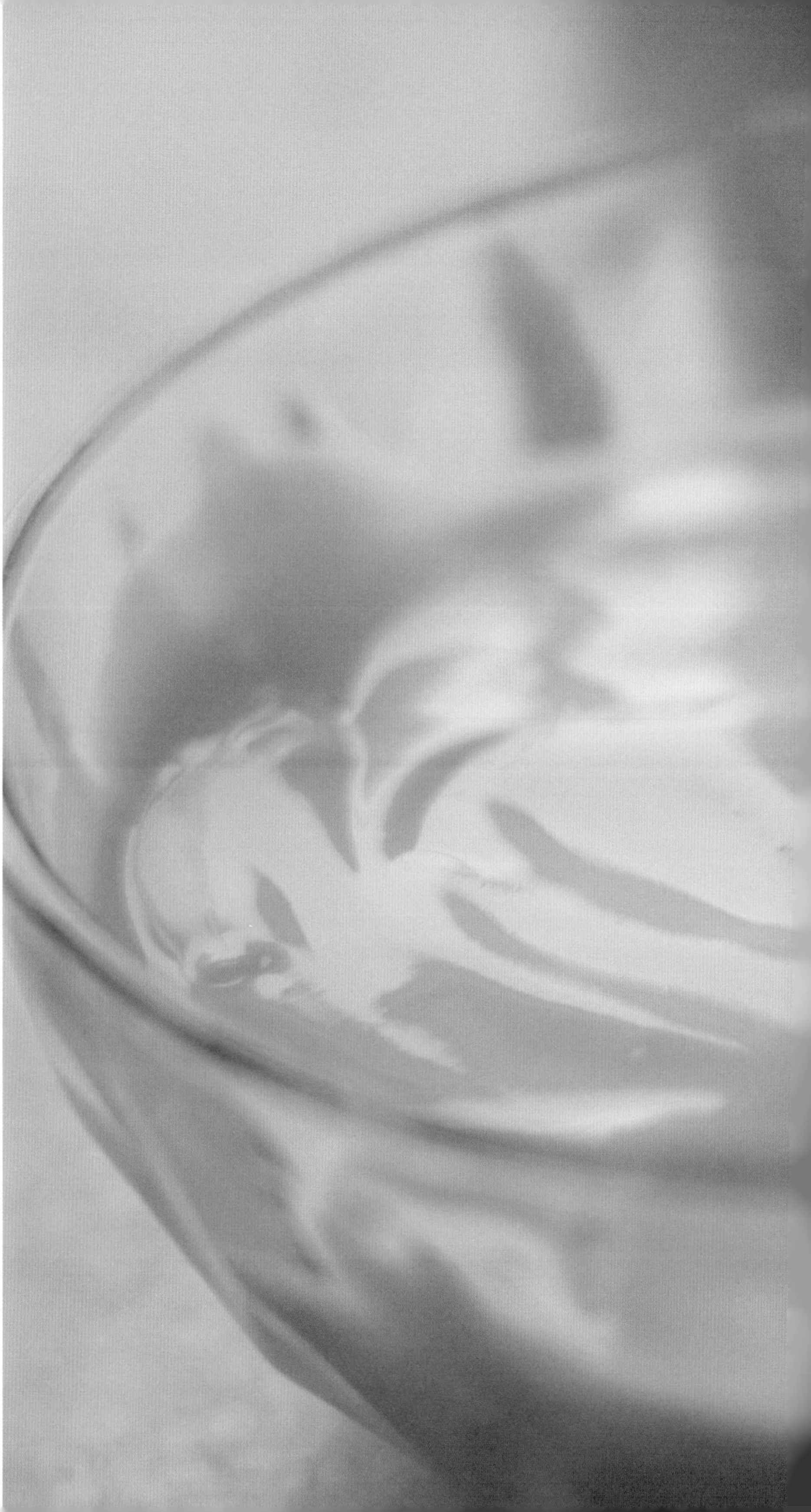

远方之地：酸奶是什么时候进入城市的呢？

索老师： 酸奶进入中国城市大概有一百多年，最早是俄罗斯人带来的，他们在北京通过传统作坊的形式手工制作，用从俄罗斯带来的菌种和中国本土的牛奶做成酸奶。到了1911年，英国商人在上海成立上海可的牛奶公司，这家公司就是光明乳业的前身。英国人将菌种带进中国制作酸奶，基本上达到了工业化的水准，然后就一下子风靡了起来。

远方之地：酸奶是如何被都市人接受的？
这背后又有什么原因？

索老师： 最初就是因独特的酸味而被人们所了解，因为酸奶早先都（出现）在牧区，城市里的人对酸奶也（感到）很新奇。另外就是酸奶独特的口感、香气。我们国家从20世纪80年代开始，乳制品（行业）进入一个快速发展时期，随着改革开放的逐步深入，中国乳业的改革也从此拉开帷幕。乳业被当作优先发展的产业，奶牛、奶山羊饲养业在全国多个地区得到迅速发展。现在，人们对肠道菌群和微生物的关系越来越了解，酸奶的营养价值也逐渐深入人心，酸奶（产业）的发展也驶入了一个快车道。

远方之地：我们这一期的主题是发酵，您觉得酸奶和其他
发酵食物有什么共通性吗？

索老师： 共通性就是只要是发酵，就会涉及微生物。发酵就是利用微生物的酶的系统对食品原料进行降解。像酸奶就是乳酸菌产酸，腐乳和豆豉靠的是丝状真菌产生蛋白酶的系统，包括脂肪酶的系统，产生的这些酶作用于豆子，使其中的蛋白分解成一种肽类和一些相关物质，从而产生香气。黄豆从没有味道变成（味道浓郁的）豆豉，腐乳的香味和鲜味都是靠发酵产生的。酸奶也一样，发酵之后，会产生牛奶所没有的香气。

牦牛酸奶

远方之地：您一直在关注自然发酵的菌种，
这些菌种和工业化的菌种相比，区别在哪里，又各有什么优缺点？

索老师：目前我国生产菌种的厂家所占的市场比率差不多在10%，主要集中在益生菌的市场。剩下的90%还是掌握在外企手里。国外起步比较早，大约20年前就开始发展菌种资源库，而我国近10年才开始着手建立菌种的资源库。我自己是从2012年开始做，9年才收集了2000多株菌。这是一个很慢的积累过程，获得好菌种是件非常不容易的事情。我自己现有的菌种资源库中，不单单有酸奶（菌种），还包括从四川、重庆、云南、贵州、西藏等地的传统发酵食物里收集到的（菌种）。像我在西藏获得的酸奶菌种，就是收集牧民自然发酵的酸奶，然后把菌种分离出来，从中鉴定筛选出可以做益生菌的部分。说到优缺点的话，其实菌种的好坏是需要评价的，但也不意味着自然发酵的菌种就比工业化的菌种更好。目前来看，只能说它们更有特色。至于好坏，还要经过一系列的使用评价。我不反对工业化，工业化让风险变得可控，这样才能大规模地生产，让更多的人吃到酸奶。而目前大部分自然发酵的酸奶都是不可控的，这里面有有益的菌，有有害的菌，也有破坏发酵的菌。

远方之地：当下市场上根据功效细分的酸奶越来越多，
这是噱头还是工业化之后的新发现？

索老师：未来的方向，就是（生产）个性化的、功能化的酸奶。当然这些都是要经过动物实验和临床的评价。我们实验室也在做这些功能化菌种的研究，比如降低脂肪率和提高代谢方向。我们先用高脂饲料喂养小鼠，然后再喂食低脂代谢的菌种。实验证明，喂食这种降低脂代谢菌种的小鼠，比没有喂食的小鼠在脂肪率上有显著性的差异。这个（研究成果）已经拿了专利。在未来，人们可以寻找适合自己的酸奶，比如降脂的、降尿酸的、低糖酸奶等各种功能化酸奶，人们可以根据自身的具体需求来选择。我们最近正在研究的一个菌种，就可以缓解辣椒素对胃肠道的损伤。这个菌种就很适合川渝地区的人使用。我们也在找一些火锅店做一些尝试，看看具体的市场反馈。

远方之地：和过去天然的酸奶相比，
目前的酸奶大多是加工后的复合口味，您怎么看待这一变化？

索老师：现在市场上的酸奶的一个大问题就是甜度太高了，当然很多食品现在都面临这个问题。大家对甜味的阈值在逐渐提高，要和其他产品竞争的话，酸奶的甜度也要逐渐提高。当然这里面有糖的作用，甜食能让人心情愉悦，释放让人快乐的激素。

豆豉制曲

远方之地：做了这么多菌种的研究，
您觉得不同的环境对于发酵食物的影响大吗？

索老师： 这种影响还是很明显的，像我们川渝地区的毛霉型丝状真菌的发酵食品，在全国来说是非常有特色的，比如永川豆豉和潼川豆豉，是全国独有的毛霉型豆豉。这种豆豉的特点是，在制曲阶段会长出白毛，它们的风味也都来源于此，这种工艺非常重要。大豆变成豆豉要经过一个发酵的过程。豆豉的风味和香气的产生，与大豆里的蛋白质降解及脂肪的氧化有很大的关系。大豆进入后发酵阶段，产生带有香气和味道的物质。曲上的白毛叫作总状毛霉，总状毛霉的特点是不耐高温，所以永川豆豉和潼川豆豉只能在每年的11月到次年的2月之间生产，然后要经过一年的后发酵才能制成，非常有特色。

远方之地：发酵食物常伴有"臭"和"酸"的味道，
您怎么看待发酵食物的这种风味变化？

索老师： 首先是风味和味觉，发酵原来是为了贮藏食物。贮藏让我们的饮食习惯发生了变化，人们开始慢慢喜欢这种酸味。尤其是贵州人，对这个酸味特别喜欢，贵州人对酸的调味已经达到国内的一流水准。贵州的臭酸，不只有酸，还有臭，而这种臭就是氨基酸降解产生的味道。但是为什么有那么多人喜欢吃臭酸、臭豆腐呢？因为氨基酸在降解之后，产生了鲜味物质。臭是嗅觉，而鲜则是味觉。所以你闻起来臭，但是吃起来又很喜欢。以前是没有味精这些增鲜的调料的，而发酵这种方式可以让人尝到鲜味，慢慢地大家就形成了这样的饮食习惯。在古代，那些帝王将相的厨师也很难调制一碗鲜汤，只有靠发酵的食物调制。发酵而成的调味品大多与大豆有关，大豆的蛋白质结构经过降解之后会呈现出很多鲜味肽和鲜味氨基酸。发酵食品的鲜味，特别是豆类产生的鲜味，比如豆瓣、豆豉、腐乳、酱油、酱，均来自大豆蛋白。这就是为什么发酵类的调味品大多都是用大豆来发酵。▣

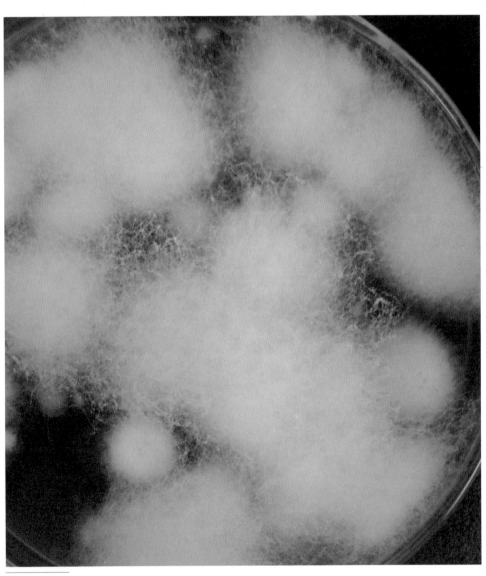

菌群培养

资料
information:

01/

乳酸菌是一类在乳制品中经常出现的细菌，有18个属，共200余种。《汉书·西域传下》中记载，"以肉为食兮酪为浆。"公元前221年左右，乳酪已成为中国西北民族的日常食品。北魏末年，贾思勰的《齐民要术》中出现了对酸奶最早的记载，其中详细记述了乳制品加工技术，这部巨著是世界上最早的农业科学专著，还有着我国古代烹饪百科全书之美誉。

02/
酸奶中的神奇物质

（1）帮助钙质吸收、强化免疫的维生素D
在日照不足的冬季来临前，可通过补充食物的方式摄取维生素D，降低日晒不足所产生的负面影响。

（2）防止便秘的短链脂肪酸
酸奶中的菌群可产生从一般食物中不易摄取的短链脂肪酸，这是维持肠道菌群生态平衡的重要营养源，并且可刺激肠道蠕动及排便，防止便秘。

（3）有益于代谢、造血、排毒和脑健康的维生素B族
酸奶提供了丰富的维生素B族，特别是维生素B_{12}。一般食物所含的B_{12}并不易于人体吸收，需依靠活菌生成或转化为活性B_{12}，才能被人体有效利用。

（4）能够使胃肠道保持微生态平衡的乳酸菌
乳酸菌可以提高食物消化率，降低血清胆固醇，控制体内毒素，抑制肠道内腐败菌生长繁殖和腐败产物的产生。

精酿：

"自由多元的口味，
和它们带来的生活方式"

我们这次采访的主人公秦小朝是在日本开始了自己的精酿啤酒之旅，如今，他在重庆经营自己的独立精酿啤酒品牌"立吞"。同名的酒馆可以算是重庆最早的精酿啤酒馆了。"立吞"这个名字，源自日语，意为"站着吃喝"，指没有座椅的车站酒馆。20世纪50年代后，这种形式的店铺更多地出现在了城市的地铁旁，主要服务于上班族。在精酿啤酒兴起之后，贴合了消遣感的"立吞"文化开始在商店街出现。"立吞"这个词在这样的环境中，变得生动立体起来，它不再只是一个名词，而是成了很多年轻人的一种生活方式。

品牌主理人秦小朝对精酿啤酒有独道的见解：从原料、木桶到微生物和蔬果辅料，精酿啤酒的制造没有所谓的"标准"，代表着不受限制的口味和没有约束的轻松氛围。

从2014年至今，他按照自己的方式推广着精酿啤酒文化，也酿造出了"天府乐乐"这种极具本土特色的精酿啤酒。如何看待精酿与发酵的关系，精酿啤酒的在地性，以及"立吞"想要传递给大众的精神内核，秦小朝都为我们一一做了解答。

秦小朝

立吞 Hops II taproo 主理人

访谈（INTERVIEW）

远方之地：你从什么时候开始喜欢上精酿啤酒的，它最打动你的点是什么？

秦小朝： 2011 年在日本读书的时候，我开始了解到精酿啤酒。当时一个美国朋友带我去买菜，他问我想不想试一些不太一样的啤酒，后来就带我去了一个进口超市。我记得当时买的第一款精酿啤酒是"智美（Chimay）蓝帽"。它和我之前喝过的啤酒完全不一样，一下子就触动了我。那之后我就对精酿啤酒产生了兴趣。回国之后，我发现当时重庆还没有精酿啤酒的酒吧，后来在朋友的鼓励和自身热爱的驱动下，开了自己的第一家精酿啤酒吧。

精酿啤酒最打动我的地方就是它的自由、开放、不设限。相较于传统工业啤酒，精酿啤酒在酿造过程中，我能够自由发挥创意，创造非常多元的风味，甚至能够服务到每一个想要尝试不一样风味的朋友。再加上啤酒是一种很开放、很热情的东西。如果我们去威士忌吧、红酒吧，可能有很多需要注意的细节、技巧，就会让人感到拘谨。喝啤酒就没有那么多规矩，它让人放松，如果你愿意，穿拖鞋来也可以。

远方之地：在发酵环节中，不同的啤酒酵母对于精酿啤酒
的口感起到的作用是怎样的？你是怎么看待发酵的？

秦小朝：啤酒酵母目前有四五十种，不同风格的啤酒使用不同的酵母。"立吞"品牌的精酿啤酒所选
用的酵母全都是进口的。国内是最近几年才开始有专门的啤酒酵母，种类并不多，能做的啤酒风格也
比较有限。虽然某些啤酒的酵母可以通用，但对于特定的风味，必须要用特定的酵母来发酵。其实
不止是酵母，像酸奶中的乳酸菌我们也经常会用到。比如酿造某些特定的啤酒，如果它的口味是酸
的，我们就需要先用乳酸菌酸化它，然后再进行其他的工艺制作。看待发酵，其实就是看待自然的
一个过程。发酵是自由的，同时又有很强的在地性。发酵是有趣的，它是大自然给人类的一种馈赠。

远方之地："立吞"自己酿造的啤酒现在都有哪些？
你比较喜欢制作哪一种风味的啤酒？

秦小朝：现在"立吞"独立酿造的啤酒有十款左右，每一款的风格差异都很明显。比如"立吞"
自酿的啤酒"复刻世涛"，酒体澄清，有浓郁的咖啡与巧克力味，同时兼顾了坚果与奶油的香气。
在酿造时加入了可可豆与咖啡，颠覆了大家对"世涛"又黑又重口的印象。再比如我们的另一款
自酿新英格兰 IPA，有着芒果、蜜桃、荔枝、凤梨的混合香气，苦度极低，在夏天非常讨喜。每
酿造一款新的产品都是一个挑战，也是一件有趣的事情。我们有一个专门的酿造实验室，会在里
面尝试更多不一样的风格，对比我们酿造的啤酒和用传统方法酿造出来的有什么不一样，把基础
打牢后才会去做一些创新的事情。

远方之地：在我们这些普通消费者看来，精酿啤酒好像是一夜之间
就火了，您觉得是什么原因让精酿啤酒在国内变得如此火爆？

秦小朝：其实也不算是突然之间。精酿啤酒在国内的积累也有一两年了。本来啤酒在我们当下的
生活中也算是一个半刚需的东西，作为很大众的饮品，啤酒的市场需求还是很大的。近几年来，
在重庆像我们这种小巧的、精致的、社区化的酒吧也越来越多，（行业）整体发展的速度很快。

01 | 01.精酿啤酒的发酵罐
02 | 02.店里不同味道的精酿啤酒小样

不同的酵母

远方之地：你最喜欢的一款精酿啤酒是什么？

秦小朝：其实对我来说并没有"最喜欢"之说，因为每一款精酿啤酒都有它自己的脾气和特点，我更多是根据自己那一天的状态来做选择，比如最近天气热了，我可能不会喝一些口味重的，而是选择一些更清淡的；可能去年我更爱喝酸啤，但今年更爱喝"拉格（Lager）"。人的口味是会随时间季节的变化而变化的。

远方之地：相对于现代的工业化发酵，你认为传统的原料和发酵
工艺的优点在哪里？

秦小朝：从工艺上来讲，量产啤酒和精酿啤酒的工艺都是一样的。只是我们目前不做离心，不做杀菌，不做那些可以让保质期更久的处理。这也保留了啤酒最初的口感、风味和更醇厚原始的味道。但量产啤酒其实比精酿啤酒的工艺更加严格。作为一个从业者，我从来不会看不起工业酒厂。他们实在太牛了。每个批次产出的啤酒都一模一样，特别稳定。这样的稳定性背后，是科学和酿造师的专业性。

远方之地：在中国，不同城市间的精酿啤酒差异大吗？
您觉得地域化的风格差异是国内精酿啤酒未来的发展趋势吗？

秦小朝：精酿啤酒在国内的发展很明显和经济有关，经济发达的地区对精酿啤酒的接受度更高，大家对它的认知也更多。我的经验是，不同城市的人对口味的需求不同，比如说长沙，长沙人不喜欢喝酸的啤酒，大部分客人都喝不习惯。其实也说明，当地的饮食习惯影响了大家对精酿的口味偏好。我个人认为精酿啤酒地域化的现象，有，但可能不会太明显。■

资料
information:

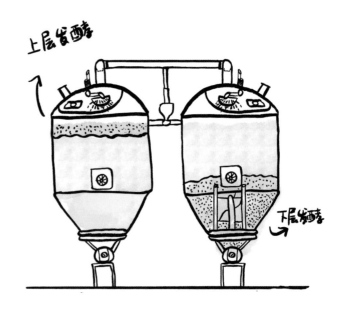

上层发酵

下层发酵

根据发酵方式分类：

艾尔（Ale）： 酵母在桶的上层发酵，温度略高，发酵时间短，占啤酒种类的80%以上，但是产量却比拉格少了很多。这是因为艾尔存在不易保存、生产不易控制的问题。目前中国市场上的精酿啤酒大多为上发酵的艾尔。

拉格（Lager）： 酵母在桶的下层发酵，温度略低，发酵时间比艾尔长，约占啤酒种类的15%左右。在德语中，"Lager"有"储藏"和"仓库"的意思。虽然种类没有艾尔丰富，但产量占世界啤酒的90%以上，目前所有的国产绿瓶啤酒，以及喜力、百威、嘉士伯等品牌的啤酒，都属于拉格。

自然发酵啤酒（Wild）： 全部使用野生酵母，所以一般来说口感较酸。在比利时的兰比克（Lambics），当地独特的野生酵母和悬浮在空气中的真菌可以用来自然发酵酿造啤酒。空气中的微生物使啤酒口感发酸，并伴有其他明显的香气。

根据风味分类：

黑啤（Schwarzbier）： 以"猛士"为代表的下层发酵德国黑啤。最早生产黑啤的是东德时期图林根镇的Bad Kostrit。这种啤酒呈咖啡色和黑褐色，口感淡爽，一般在 5 度左右。在啤酒酒精度受严格限制的美国很受欢迎。

白啤（Weissbier）： 这种把小麦芽和大麦芽混合酿制的啤酒也被称作小麦啤酒。颜色通常较淡，浅黄中泛着白色。口感轻盈润滑，被人们称为"液体面包"。巴伐利亚白啤酒（Bayerischer Weissbier）、柏林白啤酒（Berliner Weisse）和莱比锡白啤酒（Leipziger Gose）都是白啤酒的典型代表。在白啤酒的配料中，小麦芽的比例要高于50%，某些甚至高达70%。

艾尔（Ale）： 在发酵过程中会产生很多副产物，使其具有丰富的香气。不过，通常艾尔在发酵过程中的可控性不高，且有较多的杂质，所以往往需要更多的啤酒花来起到杀菌的作用。比起拉格味道也更加浓重。

拉格（Lager）： 最初产自德国和波希米亚地区，口感清爽顺口，不过风味较为单调。常见的品种有皮尔森啤酒（Pilsner）、美式拉格啤酒（American Lager）、博克（Bock）等。拉格需要低温储存，如果饮用时的温度太高，苦味就会十分明显。

世涛（Stout）： 当波特啤酒传入爱尔兰之后，爱尔兰人根据当地的环境和习惯对波特进行改良，使用焙烤麦芽或焙烤过度的麦芽酿造啤酒，这种强烈的焦味为世涛带来了独特的咖啡与巧克力的香气。大名鼎鼎的吉尼斯就属于世涛的一种。

出口啤酒（Exprotbier）： 专门供出口的德国啤酒，例如贝克啤酒（Beck's），色泽清澈，口味清爽，酒精度较低，在整个德国都比较流行，在国际上也很受欢迎。多特蒙德是这种啤酒产量最高的城市。

印度淡啤（IPA）： 英语"India Pale Ale"的缩写，意为"印度淡啤"。起初因为开发殖民地，大批英军漂洋过海来到印度。为了延长啤酒的保质期，使其能度过海上的长途航行，英国的啤酒厂大幅提高麦芽汁的浓稠度，延长啤酒在桶内的发酵时间以增加酒精含量，此外还成倍加入啤酒花。因为大量啤酒花的加入，啤酒的味道又发生了新的变化，香味更加突出，苦味也更重。这样的啤酒反而受到了更多人的喜爱。于是在英国本土也开始采用这种制作方法酿造啤酒。IPA，这个名字也就永远地保留了下来。

科隆（Kölsch）： 除了科隆大教堂，科隆啤酒作为"科隆"这座历史名城的特产也一样举世闻名。科隆啤酒口味清爽，色泽淡雅，被当地人称为啤酒中的香槟。一般要用200毫升的细长玻璃杯饮用。《科隆公约》规定，科隆啤酒必须在科隆酿制，淡色、上层发酵、酒花风味浓郁并有过滤工序。1997年，欧盟对科隆啤酒进行了特别保护，只有14家啤酒厂能合法生产科隆啤酒。

咖啡：

"发现云南土地上的香气"

1974年，时任旧金山爱尔兰咖啡公司（B.C.Ireland）的咖啡采购专家娥娜·努森创造了"精品咖啡"（Specialty）一词，意在强调种植环境与咖啡风味的关系。2002年，第三波咖啡浪潮开始兴起，咖啡豆被重新看作与葡萄酒、奶酪一样的手工食品，需要依靠阳光、水、土壤和空气中微生物的发酵，来唤醒沉淀在豆子里的地方风味。

在中国，云南的咖啡种植已经有上百年历史，最早是由来自法国的传教士田得能种植。在20世纪50年代的规模化种植之前，芒市至普洱一带，都有零星的咖啡树的踪影。到了80年代，云南的咖啡种植成了全球咖啡上游产业链的一环。云南咖啡占全国咖啡产量的98%，云南成为全国咖啡种植规模最大、产量最多的地区。

咖啡师佳蕾第一次看到咖啡树就是在云南保山的怒江边。投身咖啡事业之后，佳蕾步履不停地走访了全球各个与咖啡有关的产区、庄园和从业人员，以摸清整个产业链的系统闭环。2020年3月，佳蕾独自飞抵丽江，成为玉龙雪山脚下Hylla落云自然体验中心的主理人，六年前从云南出发的她又回到了这里。

佳蕾一直保持着对云南咖啡的观察。2020年，她对云南德宏、保山和西双版纳不同咖农的现状进行采访，对中国精品咖啡品牌Seesaw"十年计划"进行详细追踪——他们与当地的茶厂合作，用当地普洱茶的发酵工艺来发酵咖啡豆，其中"黑茶日晒"系列成了Seesaw最畅销的单品之一。

她希望进一步深入云南咖啡产区，让风景和咖啡豆的味道一起流进人们的记忆，就像她理解的人与自然的关系那样，去除边界。

佳蕾
咖啡平台 Sprudge 的撰稿人、WBC（World Barista Championship，
世界咖啡师大赛）资深摄影师

访谈（INTERVIEW）

远方之地：你是怎么和咖啡结缘的?

佳蕾：我从小生活在新西兰。咖啡是新西兰人生活中不可分割的一部分，可以说已经完全融入他们的骨子里，所以我很早就接触到了咖啡文化。2008 年左右，我萌生了开一家自己的咖啡店的想法，就开始去了解、学习。

远方之地：你选咖啡豆的标准是什么?

佳蕾：我有几个标准。首先就是干净、好喝，其次是找带有风味的。现在我们有一款西双版纳产的水洗豆，叫"玛瑙红"，有小番茄味。我之前没喝到过有这样酸质的云南水洗豆，这种味道通常出现在肯尼亚的水洗豆中。

远方之地：云南咖啡豆的风味是什么?

佳蕾：好难回答。不像一提到埃塞俄比亚的咖啡豆，你就能想到它的特点 —— 花香、水果调。我觉得云南咖啡豆目前并没有很突出的风味，只能说咖啡的品质相比之前有所提高。评判咖啡的角度不仅仅有风味，还有洁净度、平衡感、酸度。云南近两年出品的咖啡豆洁净度有所加强，甚至在一些国际咖啡比赛上，有选手用云南的豆子去比赛，这在行业内其实也是很大的进步了。

**远方之地：抛开种植和工艺上的差异，云南的地理气候是否利于
咖啡风味的产生？**

佳蕾： 在我们行业里有一个词叫"微气候"，它涉及海拔、土质、日照、降雨量、温度等非常多的
环境要素。总体来讲，云南从微气候来讲还是相对差一点。咖啡本身对气候非常敏感，不同的品
种也有不同的宜栽地区，著名的瑰夏豆原产于埃塞俄比亚，但是在哥斯达黎加种植后它才开始享
誉世界，它所带有的花果香层次非常丰富。曾有国内的咖啡品牌尝试在云南种植瑰夏豆，同一纬
度和温度，但就是没有那个味道。

**远方之地：我们看到近两年精品咖啡店里出现了云南咖啡，
Seesaw 的"黑茶"系列有普洱茶的味道，Manner 云南有话
梅风味，所以咖啡的风味应该怎么去理解？**

佳蕾： 云南最早种植的品种是波旁、铁皮卡，后来在星巴克、雀巢等大型商业咖啡品牌进驻后引入
了卡蒂姆，因为它抗病虫害能力强，还能够增加产量，那时候大环境对咖啡豆的要求首先就是产
量，要么是制成速溶咖啡，要么就是深烘，它们都不需要强调豆子本身的味道。但卡蒂姆是杂交
种，风味相对欠缺，比如过去常常说它是"杂质感强、魔鬼般的尾韵"。在精品咖啡盛行之后，发
酵工艺对咖啡的影响也得到了重视，它的魅力在于不做额外添加，就能够提升和突显豆子本身的风
味。所以现在像 Seesaw、Manner 这样一些小众的精品咖啡品牌进驻云南之后，从种植到处理，
他们都在弥补卡蒂姆的风味欠缺，他们所做的（事情）其实是非常具有实验性的。因为传统的发酵
就是日晒和水洗，但像 seesaw 的"黑茶"系列用的是普洱茶的发酵工艺，以及现在云南豆多用的
双重水洗法，都是从 Seesaw 的开始的。

采摘豆子的咖农

"咖啡像一摊很有活力的水，
一直在变化，一直在动。"

远方之地：人类最初饮用咖啡的时候就有发酵咖啡豆这个环节吗？

佳蕾：关于这一点其实没有特别具体的记载，最早开始饮用咖啡的是埃塞俄比亚人。传统的生豆处理方式就是将咖啡豆放在地上进行日晒，晒干后堆在一起。并没有特别明确的记载说是谁发明了咖啡发酵。阳光洒在咖啡豆上，豆子逐渐变干，这就是咖啡慢慢发酵的过程。应该说从埃塞俄比亚人饮用咖啡开始，发酵这个过程就出现了。

远方之地：你第一次去的云南咖啡产区是哪里？有什么样的感受？

佳蕾：2014年我第一次去保山，当时路边都是密密麻麻的咖啡树，种植得非常没有章法。咖啡树的种植和葡萄酒产区的葡萄藤一样，需要有固定的间距，这样才能确保每一颗果实都能获得足够的营养。很显然，那个时候咖农还没有这些意识，他们只是把咖啡作为一般农作物来种。

远方之地：那你怎么看待咖啡的工业化和标准化？

佳蕾：其实我觉得这是各取所需的，看你追求的是什么。科技带来了很多好处，但同时也削弱了一些个性化的东西。当你选择用机器提高效率的时候，你当然会在风味等想表达的方面做一些妥协。如果你想做自己的东西，想表达更多的风味和对咖啡的看法，你也可以亲力亲为。工业化会让更多的人了解咖啡，喝到咖啡。科技的发展也会让更多的人看到自己的需求，会让那些对口味有需求的人更多地关注精品咖啡，这并不是坏事。

云南咖啡豆产区

远方之地：在精品咖啡流行之后，咖啡豆的发酵工艺有什么变化吗？

佳蕾：咖啡发酵最传统和最基础的（工作）就是日晒和水洗。日晒发酵可以让咖啡豆甜度更高，水洗发酵则是让咖啡豆泡在水池里发酵。去除了果皮的杂质，豆子的味道会更干净。这个也和地域有关系，像埃塞俄比亚高原日晒充足，所以基本上都采用日晒法，在印度尼西亚就多采用水洗法。另外，常见的"蜜处理"则是近十几年开始兴起的。以前科技欠发达，人们对发酵工艺的把握大都靠看和捏，用自己的经验和感受来判断，像现在日晒发酵，平铺在晾床上，晒到含水率14%的时候，就会进行阴干。早先（对咖啡）没有这么细致的区分方式，就是分辨好喝和不好喝，现在可以说是把"好喝"更细分化了。

远方之地：我们常常能在精品咖啡店的菜单上看到对豆子的详细介绍，
包括豆子的种类、发酵方式和风味，是真的经过精确鉴别，还是更多是
一种营销手段？

佳蕾：其实传统发酵的魅力在于不添加任何东西，就能让豆子的风味更加突显，但这也是相对而言的。前几年因执着于风味差异化，有许多咖啡的发酵工艺都做了添加，比如在雪莉酒桶或者红酒桶中滚过，这样的做法其实就是做了额外的添加，相关的味道会在豆子风味上体现得更明确，当时市场反应很好。不过这两年慢慢开始回到最原始的口味，我们更想用最传统的发酵方式，制作一杯纯粹干净的咖啡。⧅

资料
information：

埃塞俄比亚的咖啡仪式

作为全球闻名的咖啡生产国，埃塞俄比亚每年的咖啡出口量仅占总产量的一半，因为在当地，伴随着日常的社交，饮用咖啡已经成了埃塞俄比亚人的生活习惯。与此同时，他们也一直延续着传统的咖啡饮用仪式。

这种仪式是当地欢迎客人和节日庆典必不可少的环节，主持者通常为家中的女主人。邀请客人参加咖啡仪式意味着尊重和友谊。

仪式过程：

1．在地上铺满青草和鲜花，随后焚烧乳香（来自乳香树的树脂）、生炭，将当地专门用来煮咖啡的陶罐（jebena）中盛满水。

2．身着传统服饰的女主人将生豆放到铁锅上烘烤。这是整个仪式中最考验手艺的部分，有时她们会在其中加入肉桂、丁香或豆蔻等香料。随着香气的弥散，女主人会将铁锅凑近客人，让大家可以近距离闻到豆子的香气。

3．烤好的豆子需要进行研磨，研磨的器皿由一个小而重的木碗和一个金属制的圆杆构成。

4．将磨好的咖啡粉倒入陶罐（jebena）中煮沸。

5．倒入杯中。手法熟练的女主人有自己的倾倒方式，能够让咖啡渣不随咖啡一并被倒出。

6．咖啡喝三轮，每一轮都会在之前的基础上加水煮沸。第一轮咖啡被称为"Abol"，由现场年纪最小的孩子将第一杯咖啡献给最年长的人；第二轮被叫作"Tona"；第三轮是"Baraka"，这一轮的咖啡有祝福饮者的寓意。

陈皮：在高层公寓里养菌

"让都市人去做发酵物并不意味着可以解决特别多的问题，但至少会跟自然有更紧密的联系。"

陈皮（Peter Chen）

德国人，艺术家、发酵研究者。曾在中国歌德学院开设"发酵站"项目，

专研、探索发酵与艺术、生活和未来饮食的可能性。

发酵对于厨师来说是很好的工具

我学的是人文学科，研究的是文化现象。读书时我在中国待了
一段时间，在此期间的经历改变了我对饮食的很多看法。我第
一次来中国去的是广东省中山市的南头镇，它不是一个国际化
的地方，也没有很城市化，还保留着许多地道的美食。广东不
管食材还是烹饪方式都非常丰富。我的硕士论文是关于诗人也
斯[①]的，他的诗歌几乎都和饮食有关；我还写过一篇从饮食文化
角度探讨电影《食神》的论文，所以整体来讲，广东的饮食文
化对我的影响还蛮大的。

也就是在写论文的期间，我开始比较集中地探索烹饪，学习不
同地方的烹饪方法，其中部分都是东亚菜。我发现在东亚菜系
的食谱里总会出现一些传统调料，它们大多和发酵有关。当时
我完全不知道什么叫发酵，我从小对食物的概念要么是生的要
么是熟的，但在东亚饮食文化里，经过发酵的调味料扮演着非
常重要的角色，它们为食物提供了不同的风味。

陈皮培养的康普茶的红茶菌骥

我在德国做了一段时间的厨师，为20多人提供午餐，一周三次，
食材是由当地的有机农友们供应。因为这个契机，我才会去探
索和研究发酵。对于当时的我来说，发酵是一个很棒的工具。
农友们提供的都是当季的蔬菜，而我又不想提供太单一的菜单，
发酵调味料在这个时候起到了丰富味道的作用。我会问菜农这
周都有什么蔬菜，有的菜我会多买一些，一部分当天做，另一
部分储存起来，我会思考这部分食材要怎么发酵、怎么储存，
可以达到什么样的口感和质地，可以做出怎样的风味。我第一
次尝试的发酵物是韩国辣白菜，以前德国南部每家都会做酸菜，
但到我父母那一辈已经没有了。2014年在柏林，我开始了解并
在家里"养"霉菌，当时歌德学院的同事来我家做客，他们看
到不断生长变化的霉菌。感觉非常有趣，就邀请我来中国的歌
德学院做项目。

①也斯（1948～2013年）：本名梁秉钧，曾任香港岭南大学中文系主任。

我们的未来在于"酱油"

我觉得酱油是一种特别好的东西。首先它很鲜美，且可以激发出食物所蕴藏的诱人的风味。我经常对别人说，我们的未来在于"酱油"。饮食在未来会面临很多问题，因为生态的急剧变化，人类需要在饮食上做出一些改变。在欧美吃素食的人已经越来越多，食肉对环境影响是很大的，但问题是如果去除所有肉类食物的话，我们就会缺少很多风味，因为肉类富含蛋白质和谷氨酸（鲜味的来源），相较而言，植物性蛋白要少很多。但酱油可以改善这样的情况，烹饪时放一点酱油，就能让食物更美味。我查阅了相关资料，在过去，任何一种豆类食物都可以做成酱油，所以它在减少食物浪费上也能起到很大的作用。

在中国的这段时间，我了解到很多传统的工艺，比如黄酒、酱油、醋的酿造过程都因为霉菌的参与而变得更有趣。豆类因为霉菌的作用会产生各种酶；蛋白质会分解为氨基酸；谷物，也就是碳水化合物会被糖化，酵母菌可以将它们转化为酒精。霉菌在发酵过程中的分解作用，或许可以在未来的食物制作中帮上更多的忙。中国酱园①的酿造文化历史悠久，但传统的非工业化的小型酱园的确越来越少。我认为传统的酿造方式是非常重要的。在和很多酿造师傅交流后，我意识到好吃的酱油越来越不好找了。据我所知，现在很多酱油早已不是纯酿造的，因为酿造一缸酱油需要花费很多时间，也需要花很多工夫照料。酱油好吃的秘诀在于经历过一年的翻晒，经受四季不同微生物的转化反应，但工业化的生产加速了这个过程，味道就会少了很多层次。

未来饮食面对的挑战是一个系统性的问题。作为个体，我们现在可以做的就是从小处开始改变，这就是为什么我越来越肯定自己走这条路是值得的。发酵食物非常有地方性，它是在一个特定的环境中出现的属于那个风土的风味和模样。现在即便在德国，我的烹饪方式也已经非常中式，我用德国当地的材料来

正在生长的菌种们

①制造并出售酱、酱油、酱菜等的作坊、商店。

制作发酵食物，发酵的方式还是东亚的，但出来的味道与我在当地吃到的不太一样，很有趣。我在德国有一个艺术家朋友 Markus Shimizu，因为对发酵很有兴趣，他自己还在柏林开了一家卖酱油的店，叫作 mimi ferments，原材料是德国当地的谷物和豆类，但采用了日本的酱油发酵工艺来制作。近几年，我们可能会看到更多类似这样既传统又创新的东西，我感受到越来越多传统的东西在发生一些正向的变化。

在都市里养菌

在欧美，很多高级餐厅都开始关注发酵，他们在研究霉菌与不同食材的结合可以带来怎样的变化。很多人其实并不了解发酵的工艺和其背后的文化，于是我觉得自己可以做一个既有研究性又有推广性的项目。我在歌德学院时将研究室设在北京798，里面有图书馆，也有小型的舞台，我会定时举办一些活动。开始的时候，我并不确定有哪些人会对我们的项目感兴趣，渐渐地我确实看到很多不同的人过来交流，他们中有艺术家、环保机构的从业者、有机农友等，感兴趣的朋友还会找我要一些菌种。在城市里我推荐大家用谷物、干货这些容易保存的东西来做发酵食品，比如我很鼓励大家尝试一下自己做米酒或者康普茶。因为从发酵的环境出发，不管是在都市还是乡村，它们对于稻米和茶叶的发酵结果影响并不大。

几年前，我从朋友那里拿到一株康普茶的菌种，这株菌种我养到现在，它已经成为我生活的一部分了，不出意外我应该会养一辈子。我现在已经不会像一开始那样频繁观察它，因为我跟它已经很熟悉了。偶尔去尝一尝、闻一闻，我就知道它很稳定了，已经不用我做太多的照料工作。培养豆类和谷物类的霉菌就不太一样，它们的发酵过程比较复杂，需要更多的照料。这类霉菌对温度、湿度和氧气的变化非常敏感，必须每一个时间点都要掌握好。霉菌在生长发酵的过程中会发热，稍不注意的话，它的温度就会上升，容易受到不同杂菌的污染，所以每次一到"发热"那两天我就会比较紧张。

霉菌的整个发酵过程非常有意思，首先你能闻到它的变化，过了20个小时之后，它会散发出桃子般的甜味，因为它在糖化。然后你慢慢可以看到菌丝的生长。作为住在都市里的人，尤其是住在公寓里，北京和柏林对我来说并没有太大差别，但菌种不是。在现代公寓里，人们总是要求家里一尘不染，很多人甚至追求无菌的环境。我们常常把微生物视为敌人，但其实也有很多微生物是对我们有益的，与其害怕，不如去了解它们，看看到底哪些微生物会让我们更加健康或对健康不利。

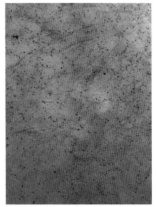

发酵食物还有一个特点，就是可以把菌种分享给别人，而非售卖。这种分享的模式像是某种意义上的反思，它和现行的食物体系的经济模式不太一样。

正在生长的菌种们

我们应该积极思考我们和生态、和微生物的关系到底是怎样的。越来越多的朋友会问我菜怎么腌制，让都市人去做发酵物并不意味着可以解决特别多的问题，但至少可以跟自然有更紧密的联系。有一些年轻人想离开城市，去农村，有些年轻人还是喜欢城市里的生活。我想，在都市，能够与自然界产生最紧密联系的方式就是"发酵"。🄵

如何制作康普茶？

1. 熬煮加糖的茶水，放凉（常温即可，高温可能会杀死菌种）。

2. 把甜茶倒入清洗消毒过的玻璃罐，添加菌液和菌膜（也叫接种）。

3. 拿一块透气的棉纱布和一根橡皮筋，把罐口盖住，于室温下静置发酵（有氧）。

4. 经过至少一个星期，把酿好的康普茶装瓶冷藏，保留菌膜和作为下一批菌液的液体备用。

5. 从头开始，做新的一罐。

想要制作康普茶，首先需要简单地了解一下它到底是什么。

康普茶是一种口味酸甜的酿造饮料。制作康普茶，简单来讲，是让加了糖的茶水变酸，这个过程有点像制醋。想要酿造美味且健康的康普茶，首先需要健康的发酵菌种。康普茶的发酵可以是持续不断的：每一批酿造液可以作为下一批酿造液的引子。

酿造液里含有的微生物群是由不同的酵母菌和细菌组成的，在共生状态下分别发挥不同作用。我们一般将菌种分成菌液和菌膜：酵母菌主要存在于液体中，而细菌在发酵过程中会形成一片漂浮在液体表面上的纤维素膜。每次酿造后要么会新生成一片菌膜，要么原本的菌膜会增厚。

唯一需要说明的是，影响发酵的因素颇多，因为微生物群很复杂。因此，每一批康普茶味道会有所不同（除非非常严格精准地控制一切因素）。

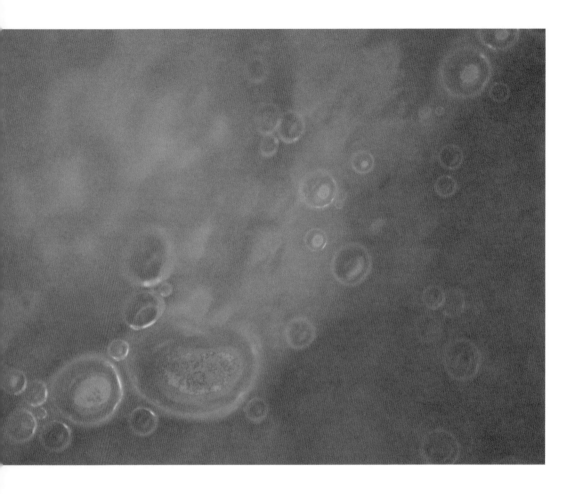

陈皮在家里养的"霉菌"，它们在不同阶段会呈现不同变化。

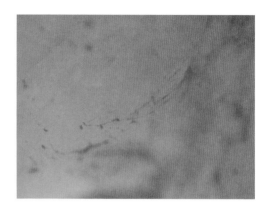

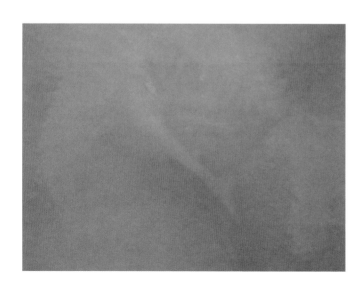

日本奥州的田野

用生活边角料的发酵，
建立起地方与都市的循环

日本岩手县的奥州市有一个观景台，每次回到奥州，酒井里奈都会找时间过去。从观景台远眺，整个奥州市就包裹在绵延的雪山中，平坦广阔的田野上散落着几户人家。

春去秋来，稻田已从水绿转至大片的金黄。酒井里奈熟悉这里每一个角落的风景，自从2009年决定在这里建立Fermenstation实验室之后，她就开始了频繁往返于东京与奥州的生活，至今已经十多年了。

Fermenstation是日本唯一一家用有机稻米进行发酵的工业酒精制造机构。与可食用酒精的发酵工艺不同，工业酒精制造业多以玉米、甘蔗等含糖量高的农作物进行发酵，或是化学合成。类似Fermenstation这样用稻米做原料制造工业酒精的生产商，即便放眼全球也是少之又少。十年前，刚创业不久的酒井在给同行及新能源科技方向的从业者谈及自己的发酵工艺时，得到的最多反馈就是"这样做有什么必要吗？"在当时，工业酒精作为汽车燃料，每升的市场价不过70日元（人民币3.92元），但Fermenstation制造的酒精，仅成本价就高达每升20000日元（人民币1120元）。

利用发酵技术创造可再生产品，是酒井创立Fermenstation的初衷。她第一次对发酵产生兴趣，是偶然得知当时东京农业大学开设了利用发酵技术将日常的厨余垃圾转化成可再生燃料的课程。徘徊于从事了10年的金融行业，酒井一直希望可以去做既能解决社会问题和创造价值，又能产生商业回报的事情，就在此时，发酵给了她启发，于是在同年，32岁的她考入了东京农业大学酿造专业。

近10年来，因受到城市化和高龄少子化的影响，日本国内的稻米消费量不断缩减，全国各地的乡村都陆续出现了大面积荒废的田地。在Fermenstation实验室创建之前，奥州也面临着同样的问题。酒井里奈在第一次站上观景台俯瞰奥州时，就被这里的风景打动了。时值乙醇汽油盛行于世，酒井果断决定将奥州的荒田重新利用起来，她与当地人用传统的耕种方式种植大米，开发契合当地的发

夏日的向日葵原野 奥州

酵技术制造汽车燃料。Fermenstation就是在这个过程中建立起来的，这是一个组合词，是"Fermentation"（发酵）和"station"（车站）的结合。

"首先是坚实立于大地之上，让发酵将这片土地上的人一个个串联起来，再把地方与地方串联起来。发酵就像是一个中转站。"酒井里奈一直记得Fermenstation成立的日子——2009年7月7日，因为这天恰巧是她最爱的饮料可尔必思的生产商的创立日。

Fermenstation的工业酒精与可食用酒精的制作工艺类似。先用酵母将大米发酵，之后进行蒸馏再精制，最终获得浓度达90%以上的乙醇。研究室在整个过程中都会弥漫着稻米的清香。尽管是工业用途，但因为没有添加甲醇等物质，达到了食用标准，可以当酒饮用。可是，在技术研发了三年后，高出市场价的成本让酒

井里奈措手不及，于是她另辟蹊径，开始在市场上寻找需要用到酒精的产品，当时她跑遍了东京的各大药妆店，依次看产品的原料表，在意识到香水、化妆品、护肤品等一系列日用品中都含有酒精成分后，她开始往此方向深耕，成为一个原料供应者，同时也开始开发自有品牌的护肤品。2013年，在当地农户的不断努力下，Fermenstation成了日本唯一一个获得USDA（美国农业部）有机认证的工业制造公司，这对于酒井里奈来说是一个巨大的转机，Fermenstation的环保性、可持续性开始在护肤品行业声名鹊起。

因为Fermenstation实验室的创建，奥州也因此建立起一个"循环社会"。除了荒废的田地被重新利用，因发酵而产生的边角料也成了当地人喂养鸡鸭牛的饲料，而牲畜产生的粪便又被用来增加土壤的肥力。田地里栽种的向日葵的籽则用来榨油以

当地饲养的牛

供当地农户烹饪使用，蔬菜也是自产自销。

酒井里奈深谙每一种作物的时令和特性，现在在东京的家里，她食用的稻米和部分果蔬都来自奥州的土地，早餐吃的鸡蛋和用的煎锅也产自奥州——这里还是日本远近闻名的南部铁器的产地，家中所用的其他烹饪器具也在不知不觉间都变成了奥州的铁器。近年来"地方创生"理念渐渐兴起，奥州也吸引了日本各地，甚至海外考察团前来探访。酒井里奈会在Fermenstation官网上随季节的变化更新奥州的风景，也会带领每一位合作者登上观景台，感受奥州土地的生动和自然的鲜活。

在酒井里奈看来，发酵不仅可以提升食物的营养价值，还可以赋予更多看似无用的物质新的意义。她也由此创造了一个更大的循环系统——将市场上的农副产品废料通过独立研发的发酵技术，制成再生产品。

JR东日本是Fermenstation的第一个合作者，其旗下的青森"A-FACTORY"苹果酒坊就常年将苹果皮作为废料丢弃。后来，Fermenstation将这些苹果皮通过发酵制成了苹果酒精，并开发了相关的日用消毒液，在青森县的各大商场和车站便利店售卖。因为发酵而产生的边角料又利用乳酸菌再次发酵，成为岩手县当地养殖的黑毛和牛的饲料，而后牛肉又被JR东日本旗下的酒店作为食材进行采购。同样的尝试还有与全日空合作的消毒湿巾，原料是全日空采购的不合格的香蕉。

酒井里奈希望自己可以尽可能地将废弃的农产品发酵成新的可利用物，如今像这样的协同和提案，也已经成了Fermenstation继乙醇原料供应、护肤品开发之后的第三个商业支柱。而酒井里奈通过Fermenstation构建起了一个"循环社会"，也恰如这个由微生物不断分解、搬运才构筑起的滋养万物的世界。

酒井里奈（LINA SAKAI）

曾就职于富士银行（现瑞穗银行）、德国证券等金融机构。因对发酵技术有兴趣，后考入东京农业大学应用生物科学系酿造科专业，于 2009 年 3 月毕业，同年创立了 Fermenstation。研究方向主要是自产自销型的新燃料 —— 乙醇的制造、未利用资源的再利用技术开发。最喜欢的微生物是酒曲，喜欢的发酵饮品有啤酒、乳酸菌饮料。

创造城市与乡村的连接

访谈（INTERVIEW）

远方之地：与其他工业酒精相比，用有机稻米发酵的酒精有什么不一样的特征？

酒井里奈：最主要的就是稻米本身很有营养，因此发酵的酒精的质量非常高。常见的工业制造是不需要用到酒曲的，尤其是现在越来越转向化工合成，但我们是一定要使用酒曲进行发酵，用的酿造工艺也和清酒类似。

远方之地：目前 Fermenstation 所生产的酒精主要用在了哪些地方？

酒井里奈：因为本身价格也不低，主要还是用于有高附加值的产品，比如护肤品、消毒剂、湿巾等。作为原材料，主要供给日本一些专门做有机和可持续化妆品的公司。

远方之地：原料供应是 Fermenstation 最核心的支柱，为什么后来又开发了自己的护肤产品？

酒井里奈：主要是想把稻米发酵之后的酒糟用起来。有一次听到跟进发酵过程的同事说，她感觉自己的手比以前滋润很多，于是大家就说是不是可以用米糟做一些护肤产品。后来还专门给米糟做了成分检测，发现里面确实含有大量的氨基酸等有益肌肤的成分，于是就定下了方向。事实上，在日本，发酵本身就是众所周知的概念，很早大家就知道米糠、酒糟有很高的营养价值，对头发和肌肤都有益处，像某些品牌的护肤品中就含有大米的提取物，所以相关产品在日本一直人气很高。

"如果东京连续下了好几天大雨，我就会担心田里的稻米，现在的我能够真切地感受到这些日常的自然变化与我息息相关。"

远方之地：现在 Fermenstation 最畅销的产品是什么？

酒井里奈：洗面香皂的销量相对要好一些。

远方之地：Fermenstation 实际上是因为在奥州进行的"循环社会"而被人熟知，当时是怎么想到要建立这样一个系统的？

酒井里奈：其实从在东京农业大学读书的时候开始，我就希望通过发酵技术，让更多未被利用的资源（废弃资源）可以被再度利用起来。后来在奥州，希望用稻米制造新型汽车燃料的想法也因为成本高昂陷入困境，我们当时就一直在想如何能让成本降下来。与此同时，我们碰上了"3·11"日本地震，虽然奥州当时受到的影响相对较小，但一部分依赖外部采购的生活物资就没办法像往常一样获得，这让我意识到地方自给自足的重要性。尤其是当周边不少饲养牲畜的农户都因为有了米糟做饲料，解了燃眉之急，我就觉得 Fermenstation 需要往地方自循环的方向做下去。

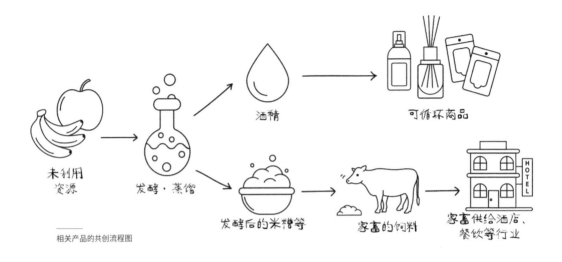

未利用
资源

发酵·蒸馏

酒精

可循环商品

发酵后的米糟等

家畜的饲料

家畜供给酒店、
餐饮等行业

相关产品的共创流程图

远方之地：10多年过去，这套循环系统给当地带去了什么样的影响？

酒井里奈：我感受到的是大家的关系变得更紧密了，而且奥州现在很大一部分生活所需物资可以自给自足，资源也都充分利用上了，还有很多人会慕名来购买农副产品。

远方之地：Fermenstation的价值理念是什么？

酒井里奈：通过发酵技术，尽可能将当下被认为是垃圾的资源重新利用，实现可持续的循环。

远方之地：在往返奥州与东京的这些年，乡村和城市在你看来是怎样一种关系？

酒井里奈：我从小就在东京长大，是完完全全的"都市人"，因为太喜欢都市了，所以也从没想过要搬家。有了Fermenstation之后，因为要寻找更多未利用到的农产品边角料，我去了全日本各个地方，真实地感受到了土地与文化的多样性，每个人都非常鲜活生动。频繁地往返于各地也让我有了很多新的"故乡"，这些经历都使我变得更开阔更丰富。如果东京连续下了好几天大雨，我就会担心田里的稻米，一旦气候发生变化，我就会想到奥州的各种作物。以前我是不会这样的，但现在我能够真切地感受到这些日常的自然变化与我息息相关，包括吃到奥州寄来的鸡蛋和蔬菜，这是一种非常真切的与土地和乡村的连接。Fermenstation需要在都市的我们与乡村的农户一起劳动，这样的商业形态在之前没有，也就意味着我们需要创造出新的价值。

酒井里奈为Fermenstation绘制的插画

远方之地：那你觉得，现在理解 Fermenstation理念的人多吗？

酒井里奈：我认为还是很有限，解释成本并不低。就比如护肤品，事实上无论是香水还是护肤品，乙醇所占的比例都超过50%，但即便是主打有机、原生态的日用品，其中所含的乙醇大多都不知道产自哪里，同时消费者也觉得没必要知道产地，或是为什么一定要用有机稻米发酵。尽管社会提倡可持续，但真正愿意为之买单的人并没有想象的多。

主要因为我们在做的事情也挺新的，比如做事的出发点，比起效率，我们更多想的是怎么做才能对当地、对社会有好处。这部分我们希望可以更多传递出去，包括更新网站，做一些线下的分享、推广等，以及接受媒体的采访，等等。

远方之地：你觉得城市和乡村的发展方向是什么？

酒井里奈：我觉得乡村和城市一直都是一种共生的关系。久居都市的人会向往乡村的自然和相对闲适的居住尺度，而久居乡村的人也需要都市的视野。比如在日本奥州，国内外许多慕名造访的客人都与当地的居民产生了交流，这些都潜移默化地对彼此产生了影响，这是网络没办法代替的。现在因为（新冠）疫情，大家都开始移动办公，这之后也许会成为一种趋势，我觉得应该也有人不是不想到乡村生活，只是因为没办法在乡村找到工作。且随着时代的发展，我相信不仅仅是饮食，人们也会越来越重视自己所用的东西产自哪里，成分是什么，是怎样种植、生产的。🅵

日本岩手县奥州的稻田

阿苏山
位于日本九州中央的一座活火山

发酵文化，教会我们
理解所生活的时代

在决心从事与发酵相关的设计工作之后，小仓拓计划了一次旅行。2018年的夏末，他从日本近畿地区行至九州和四国，又一路向北行至北海道，花8个月时间寻访了日本47个都道府县的发酵产物。

最初探访的是构筑了日本饮食底色的调味料——味噌和酱油。在位于东海地区的爱知县八丁市，有专门用大豆直接发酵而得的曲制作的"八丁味噌"，与常见的以米曲发酵的味噌有所区别。这样的发酵方式最早可追溯至中国，因此，过去"味噌"又叫"未酱"，意为"还未熟成的大酱"。

夏转秋的时节，正逢"发酵"熟成，风味往往在此时形成，小仓拓想看一看真实的制作现场。在存放八丁味噌的几间厂房里，无数个巨大的木桶让他第一次感觉自己失去了日常生活中体验到的空间感。"远远超过人类身躯大小的空间和时间，在这寂静中缓缓蔓延开来。"他在后来出版的《日本发酵纪行》中这样写道。

类似的感动频繁出现在后来的探访中。产自新潟县妙高市的辣椒酱不辣不涩，口感温和，味道独特。每年隆冬，当地农民会将夏秋收获的辣椒盐渍后撒在厚实苍茫的雪地上，鲜亮饱满的辣椒在冰雪的浸润下变得柔软，像是被安抚的孩子。在群马县，最早仅出现于祭祀场合的烤馒头因大众追捧而成了寻常的美味小吃，在前桥市最古老的店门前，小仓拓看到了每日都排着长队等待馒头出笼的当地人，在等待和分享食物的时刻，这里成了一个固定的交流场域，等待馒头蒸好的空间和时间就和馒头本身一样重要。

这些发酵就像当地的呼吸，时间的纵深、土地和自然给予的智慧都于其中清晰可辨，传承它们的人则背负起了这片土地的历史与文化。小仓拓被这样的羁绊吸引了，当他把视线从产物本身转向鲜活的地域，占日本饮食近三分之一的发酵食物开始显现出文化的脉络。

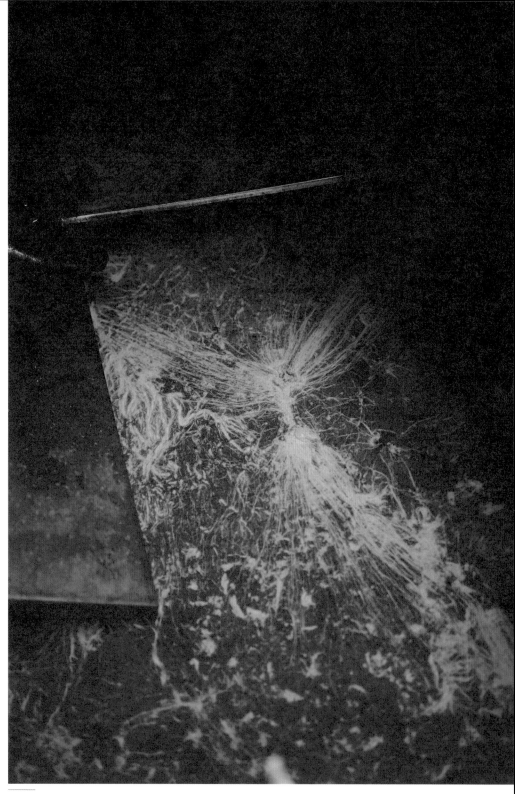

醋的发酵表面

尾道全景

岛、山、海、街

小仓拓将日本的发酵系统以"岛、山、海、街"概括，这是日本四个典型的地貌和区位特征。发酵的开始，几乎都与生存有关，运输与技术都未能提供充裕的食物，人们只能靠天吃饭。日本是岛国，频繁发生的台风和地震灾害与极端气候都可以轻易影响生活在这片土地上的人们，自然环境十分脆弱，于是食物的获得和贮藏变得尤为重要。

"人们在发酵上的创造，很大程度上源于自然或人为的局限。"

靠海生活的人学会通过观察潮汐和天气的变化来掌握渔猎的最佳时节，而自奈良时代之后，宰杀牲畜的禁令让人们把营养的获取来源转向了海洋，这很大程度上促成了日本人食用海鲜的饮食习惯。日本的先民因此懂得分辨什么可以生吃，什么需要处

理。生活在群山深处的人则学会了与山的相处之道，识别植物、辛勤耕作，理解气候变化给食物带来的影响，懂得用发酵来分解植物中难以吸收的纤维素，保证获得营养。

日本北陆地区中部的石川县盛行一种名为"米糠腌河豚卵"的发酵美味，就是通过微生物对毒素的分解而获得的营养丰富的佳肴。受制于潮湿寒冷的气候，青森县十田市一直都有用大豆代替稻米作为主食的饮食习惯，当地人习惯吃的"酸纳豆"就是因气候原因无法正常发酵纳豆而创造出的美味——在发酵失败的纳豆中加入曲。乳酸菌发酵带来的酸味平衡了刺鼻的异味，且利于纳豆的保存。

近代以后，交通逐渐便利，城镇人口日益增长，催生出了发酵的经济价值，广岛县尾道市的食醋就很有代表性。得益于濑户内海发达的海陆交通，

北海道的标津町。在冬天的极寒里，这里保留了传统盐渍鲑鱼的发酵方式

南北往来的船只都会途经尾道市，形成了繁荣的海鲜交易市场。在过去，载着秋田大米的**北前船**①常年运来廉价的稻米，比起直接售卖，将其发酵做成当时比酒更受高级市场欢迎的食醋能够获取更大的经济利益。鼎盛时期，尾道的食醋产业甚至可以排进日本食醋酿造业的前三甲，现在的广岛银行和尾道铁道的前身就是当时盛极一时的制醋商社。

作为"发酵设计师"，小仓拓常被问到的问题之一就是发酵与日本文化的关系。"发酵是日本文化的记忆方舟。"在走访了近百种发酵物的产地之后，他得到了自己想要的答案。走访得越多，他就越能感受到其中的智慧。最开始是制造者与看不见的微生物的对话，由此创造出社区，然后是文化，人们在不断变化的局限里迸发着惊人的多样性和创造性。

万物之作息时间

小仓拓的外公是一名渔夫，生活在佐贺县一个人口不足300的小渔村。上小学时，每年暑假妈妈都会把小仓拓送到这里。捕鱼活动一般在深夜进行，坐在渔船上的他看着外公就着繁星撒下渔网，大海与天空同色，四周漆黑，只有（微弱）星光，甚至看不到一丝灯塔射出的光亮。怎么回家?外公知道。对于小仓拓来说，这里只有一片望不到边的海洋，而在外公眼里，星星所在的方位、天气的变化、潮汐的方向都指引着回家的路。"就像是拥有了超能力。"在他看来，外公通晓一门人类世界之外的语言。

是来自地方的酿造师们唤起了他的回忆。2013年夏天，小仓拓受邀为山梨县的味噌老铺"无味酱油"做品牌设计。一天晚上11点，正在店中与他喝酒的老板突然说，"啊，曲菌在叫我

①江户时代中期（18世纪中）至明治三十年（1897年）期间，往返于北海道与大阪之间的商业船只的总称。它们从北海道出发，沿日本海航行，绕濑户内海，最后抵达大阪。北前船以帆船为主，一路途经各大港口并就地交易。

了，我得去看看。"说着就往店后的酿造窖跑。

这是只有老板才熟悉的语言。味噌、酱油、清酒，小仓拓接触的每一位酿造师，都有自己与微生物对话的方式和时间轴。他们每天大多数时间都待在酒窖或工厂，全身心地观察着发酵带给食物的变化，与看不见的微生物进行着"神交"。

"在他们看来，制造出食物的是微生物，人类不过是在它们工作的环境中担当了辅助的角色。" 人始终都不是直接的生产者，比如粮食是土地创造的，鱼是从水中捕来的。"他们并不是要成为创造者，而是承袭自然并与之共舞的角色。"

发酵让小仓拓感知到了一个古老的生物系统。在都市，所有的工作都围绕着人展开，人只能与人对话。"但在近代以前，甚至在更遥远的过去，森林、海洋、土地……自然万物都是人们日常交流的对象，现在的酿造师群体就还在延续着这样的系统。"他被这个系统打动了。

2013 年，小仓拓成立了自己的设计工作室，成为日本第一位"发酵设计师"，他把这个自己赋予的头衔印在了名片上，理念是"用设计的思路将这个肉眼不可见的微生物系统变得可视化"。他开始了日本各地跑的生活，熟悉不同项目所在的地区，与酿造师们共同开发产品，联合不同的机构做地方风物展，也利用自己擅长的插画和动画制作展现发酵的魅力，也就是在成立工作室的同年，他为无味酱油制作的动画《手作味噌之歌》获得了日本优良设计奖。

小仓拓就像一座桥，连接了地方和都市、过去与当下，让桥两端的人能彼此看见。

发酵的未来性

身处行业内部的人往往更容易察觉动向。从2015 年起，小仓拓与科技创新行业从业者有了越来越多的对话。他们释放了一个信号——继IT 之后的下一个科技创新领域是生物科技领域。

事实上，近 10 年来，"发酵"在日本一直是社会热词。从再寻常不过的饮食到大众的文化自觉，发酵意味着"健康、营养"，科技的助推让更多人了解到微生物对于肠道消化和皮肤的改善作用。小仓拓在线下分享时常遇到向他讨教如何让发酵发挥美容功效的人，用微生物调节身体机能的产品备受追捧，从地方文化、可持续发展等多角度探讨"发酵"的文章也登上了日本各主流杂志的专题页。过去鲜有人问津的传统成了眼下热门的生活方式。

这种改变始于 2011 年 3 月 11 日发生的东日本大地震。这场太平洋近海的地震伴随着巨大的海啸，毁田淹城，造成的人员伤亡及经济损失都达到了历史之最，海啸所引发的福岛核泄漏事故至今都未能得到妥善解决。

01 | 01.新潟县的妙高市，当地人将夏秋收获的辣椒渍盐后撒向雪地
02 | 02.阿伊努族传统的盐渍鲑鱼

无法掌控的灾难让许多人开始重新审视自己的生活。对于此，小仓拓最直观的感受就是到线下教室参与味噌制作的年轻妈妈变多了，还有不少是对有机生态感兴趣的都市消费者，年龄从20岁到40岁不等。"重视自己周遭的环境，对不了解的东西怀有不安。"很多来参加活动的妈妈向他诉说了对灾难的恐惧以及和孩子们一起活下去的渴望，"不仅是我们这一代，还有下一代，再下一代都能活下去"。微生物发酵回到了最初的意义，小仓拓也慢慢感受到参加自己线下分享和课程的都市人群越来越多元化。

另一方面，在可预见的全球人口增长和不可再生资源的枯竭面前，微生物在物质创造、改造和分解的自循环体系中起到的作用受到了越来越多的关注。同时，随着遗传基因研究的深入，日本在基因编辑方面的研究已在全球处于领先地位，其中就包含改善相关菌群基因的研究。

发酵正好处在生物学与社会学的交叉口。"就像人与自然的关系，总是在驯服与征服之间摇摆。"我们无法忽视科技给社会带来的改变。日本权威的菌种研究者北木胜英彦长期致力于改良菌种，在对日本发酵的象征物霉曲菌的改造中，他剔除传统霉曲菌中所携带的毒素，同时增强了它在调味料发酵过程中的分解力，使曲霉菌更稳定也更利于规模化生产。

"以前，人们是遵循着自然利于人类的特性去生产，现在则是想通过改变自然的特性以获得预期的生产。"微生物是构成地球这个生命循环系统不可或缺的部分，通过对生物工程的研究，人们能够了解、掌握并不断让它们朝着期许的方向发展。当这样的生产体系建立后，人与自然的关系将会被重新书写。

人与自然的关系会变得更好还是更糟？小仓拓没有定论："科技赋予了我们种种可能性，但它并没有告诉我们每个可能性意味着什么。人类总是为了追求更好的生活在向前迈进，但我们要怎么定义'更好'？"

如果回到发酵与人的关系这一原点，尤其是当下这个科技越来越人性化，而人在逐渐被异化的时代，发酵产物所代表的地域性及人们日积月累形成的文化认同成为一片珍贵的精神土壤。小仓拓举了一个例子。宫城县的乡土料理azara百年来都是用一种叫红鲉的深海鱼与泡白菜、酒糟混拌而成。但自"3·11"东日本大地震之后，当地红鲉的产量大幅减少，眼见azara从日常餐桌上的饮食成为历史，当地一家居酒屋的老板马上找自己奶奶学习azara的制作方法，以鳕鱼代替了红鲉。"重要的不是食材，而在于我们为什么要这样做。"小仓拓一直记得老板当时坚定的态度。人们从饮食习惯里获得的，是理解自己生活在怎样的时代，被怎样的土地孕育，又将过怎样的人生。通过与他人在同一张桌子上分享食物而加深的羁绊，就是文化本身。

01 | 01.青森县十田市的酸纳豆
—— 02.岐阜县长良川流域的鲇鱼渍是当地传统
02 | 的佐酒小菜，将盐渍半年的鲇鱼用蒸熟的
米来发酵4~5个月

小仓拓

发酵设计师

致力于通过设计实现微生物发酵的可视化，包括与全国各地的酿造家一起进行商品开发，制作绘本及动画，落实线下分享及相关课程。出版书籍有《发酵文化人类学》《日本发酵纪行》，动画作品《手前味增之歌》曾获 2014 年日本优良设计奖，担任 2021 年《Discover Japan》6 月刊的监制策划。

访谈（INTERVIEW）

远方之地：在47个都道府县的发酵走访中，哪个系统里的人与发酵的联系最打动你？

小仓拓：生活在鸟取县智头町的胜子奶奶，在每年节日期间都会制作传统的柿叶寿司，以款待同村的亲朋好友，包括在需要迎接祖先的日子也会准备，这个习俗她已经坚持了50多年。她让我看到了当世对往生者的敬意和他们之间的羁绊。发酵是日本文化记忆的方舟，这个感受就是从胜子奶奶这里来的。

远方之地：发酵最初打动你的特质是什么？现在你对这个特质有了更深的感受吗？

小仓拓：通过发酵，能让人们理解和感受到当地的风土文化和历史记忆。它承载的是当地人看待微生物这一（肉眼）看不见的生命的角度，也让我对自然的感性有了更深的理解。

远方之地：你曾去过中国西南的一些地方，当地发酵食物有让你印象深刻的吗？

小仓拓：具体哪里不太记得了，印象深刻的是当地人会将云南特有的发酵茶和酥油、盐等混在一起喝，这种饮食习惯充分体现了当地地理环境的多样性和孕育食材的丰富性，这样复杂的融合感很中国。

———
鸟取县智头町的胜子奶奶

远方之地：在发酵与人的关系上，中国与日本是否存在什么差异？

小仓拓：我觉得在发酵技术的运用上，日本是中国的学生。东亚各地几乎所有的发酵工艺都能在中国找到痕迹。不同的地方在于对大米的发酵方式不同，对所得的曲菌的使用方法也不一样。最后产出的食物，日本偏甜，中国的似乎要更酸一些。

远方之地：有人将发酵定义为日本食物的DNA，在您看来，发酵文化在日本文化里处在怎样的位置？这个部分是大众自觉还是只是研究层面的？

小仓拓：日本饮食文化的基础是发酵，这一点毋庸置疑。至于文化性的自觉，只能说日本人在饮食上偏好因发酵而产生的不同的地域风味，且能分辨出来，比如寿司店一般会提供几种不同地域产的酱油等。

01 | 02　01.小仓自己画的"发酵"插画
02.爱知县的八丁味噌，味噌就
在桶内发酵

远方之地： 近年来发酵在日本甚至全球都越来越受关注，你认为原因是为什么？

小仓拓： 这几年发酵在日本有过很多次热潮，现在已经渐渐成为显性的文化。除了传统层面的影响，精酿、日本酒等在近年来也成了年轻人追捧的潮流文化，这给发酵的流行带来了很大助力。另外就是生物科技的发展，市场上已经有不少（发酵）产品，（人们）对这一部分的关注之后会越来越多。

远方之地： 中国有不少传统的发酵产物，但当下在经历的更多是单纯满足口腹之欲和经济效益的工业化的进程。从过去到现在，日本在发酵上的进程是怎样的？

小仓拓： 在日本，人们重新开始关注发酵应该是从我老师那个时代开始，大概是30年前，但更多是出于对身体的益处和科学研究等目的。发酵作为一种饮食文化开始推广，大概是从我开始的，差不多10年前。

远方之地： 在发酵设计上，未来你所面临的挑战是什么？有什么计划吗？

小仓拓： 我希望可以将以中国为主的东亚地区的发酵文化变得更加体系化。

远方之地： 2020年初，你在博客上提到，发酵将成为日本21世纪继"民艺""禅"之后的思想运动。我很好奇为什么您会这样认为，以及您还提到了它从物质层面上升到了思想层面，思想具体是指什么？

小仓拓： 从明治时期到大正时期，冈仓天心的茶道、铃木大拙的禅以及柳宗悦的民艺等都是基于日常有了具体行动或者是代表物之后才渐渐转为思想，后来成为日本文化非常坚实的一部分。这是它们三者的共同点，无论是点茶静坐，还是造器和使用，思想的入口都是寻常具体的身体实践，之后再从中提炼出日常之美等抽象的一般性。并不是像西方的哲学那样一上来就是抽象的世界，而是从具体到抽象，从日常性到一般性这样过渡。发酵也是这样的存在，它既有具象的物也有升华的一般性。▣

发酵的『微观』世界

氨基酸

氨基酸是蛋白质的基本构成单位，但构成人体蛋白质的氨基酸仅有20余种，其中有8种无法直接在人体内部直接合成，只能依靠每日的食物摄入进行补充。因为肉、蛋、奶等动物蛋白所含氨基酸配比与人体的需求比例一致，所以一直被认为蛋白营养价值最高[①]。但相关研究表明，畜牧业的温室气体排放量占全球总量的51%。因此，近年来倡导用植物蛋白代替肉蛋白的研究被越来越多提及。在制造植物肉、调味品等食物时，发酵是最常用的工艺，最常使用的植物是谷物及豆类，例如燕麦和大豆。此外，食物中的鲜味也来自氨基酸的一种——谷氨酸。

酒与醋

酒也有其精神内核，尊——象征国家权力的祭祀器皿——最初就是盛酒的容器。酒与醋同源，凡是能够酿酒的古文明，一般都具备酿醋的能力。传说中，醋最早是由"酒圣"杜康之子发明的。他在一次酿酒时不慎发酵过头，至第21天酉时开缸时，发现酒液已酸，但香气扑鼻，且酸中带甜，颇为可口。于是便把"廿一日"加上一个"酉"字，给这种酸水起名为"醋"。

乳酸菌

乳酸菌是能代谢糖类、产生50%以上的乳酸的细菌的总称。在自然发酵乳制品中，乳酸菌是众多有益微生物群中最常见和最有价值的一类，它有助于调节胃肠道内的正常菌群，维持肠道内的生态平衡。乳酸菌不仅常见于自然发酵乳，也存在于泡菜、酸菜、火腿、臭豆腐等传统的发酵食品中。此外在豆类、坚果、燕麦、味噌、酱油、蜂蜜、葡萄酒和新鲜蔬果中也可以提取到乳酸菌。很多食物放久了变酸，都与乳酸菌有关。

曲

"曲"最早见于《尚书·说命下》的记载："若作酒醴，尔惟曲蘖；若作和羹，尔惟盐梅"。最早特指酿酒的酵母，在中国传统的发酵物中运用广泛。稻米、大豆、麦子等粮食作物可在微生物的作用下，酿成酒、酱油、醋、酱等食物，这也是东亚特有的发酵技术。2006年，日本酿造协会将"曲"认定为日本的"国菌"，即和食的基本。

①王小生.必需氨基酸对人体健康的影响.中国食物与营养，2005,7:48-49.

酵母

泛指能发酵糖类的各种单细胞微生物，目前已知的酵母约有1500种。在商业酵母出现前，人们一直使用的是野生酵母，比如传统的面包匠人都有自己的一块"老面"，它是利用广泛存在于空气、果皮中的各种菌群发酵而成。因为发酵时间长，用老面做出的面包具有浓郁的风味。当下也有越来越多的面包店开始用自己养的"酵母"制作面包。

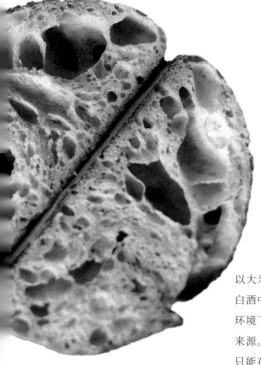

身体感

发酵食物是『腐败』还是『美味』，可以通过『身体感』这个人类学概念来解读。它包括视觉、听觉、触觉、味觉、嗅觉等身体感觉。处于不同文化或时代的人们有着、听、触、尝、闻的方式各不相同，这种差异其实与其感知世界的方式有关。香／臭、雅／俗、神圣／世俗、美／丑、热闹／冷清、新鲜／腐败等都是在文化环境的具体体现，它是人与文化日常的习惯养成教育中形成，这也能说明为什么人会眷恋和分辨『故乡的味道』，吃到某种味道会产生文化和情感的联想。[2]

腌渍

英语中并没有专门称呼发酵蔬菜的词汇，用"pickled"表示发酵蔬菜并不精准，它主要指利用糖、盐、醋或其他调味料来保存肉类或蔬菜等食物，以延长它们的保存期，没有经过发酵过程，只是简单地让食物脱水、入味，利用高浓度的盐与糖的防腐作用来保存食物。发酵有细菌的参与，其产物更为复杂。

地域性

以大米发酵的食物，日本更偏甜口，而中国的则略酸一些。白酒中的酒精和水占了98%，剩下的2%就是那些不同地域环境下产生的微量物质，它们正是不同香型白酒风味物质的来源。而游牧地区的传统酸奶、北方的馒头、南方的酒糟、只能在川渝地区发酵的毛霉型豆豉……从这些发酵食物中，我们可看到不同的地域带给发酵的多元性。

02 发酵在都市

② 《田野经验到身体感的研究》，余舜德，台湾清华大学出版社，2018

参考文献

［1］杨艳,张骋,毛海立等.浅谈贵州独山虾酸的制作工艺［J］.中国调味品，2018,43(10):118-120.

［2］许存宾,孔超华等.贵州特色"独山三酸"的研究进展［J］.中国调味品，2020,45(6):120-122.

［3］张馨凌.文化空间视野下的苗族古歌［J］.百色学院学报，2017,30(3):12-17.

［4］张迎雪.项梦冰汉语方言里的西红柿［J］.现代语言学第三期，2016:56-80.

后记

30 年后，当全球 70% 的人口都居住在城市时，我们可能拥有并应该拥有一种怎样的生活？带着这样的思考，我们开始了媒体表达的探索——在都市主流生活方式越来越同质化的今天，古老原始的生活方式能给都市生活带来怎样的启发？土地与劳动、植物与时令、人与人之间亲密的交往，这些看似寻常的物事里却蕴藏着丰富的生活智慧。它们告诉我们：人类无论处于什么年代，均会拥有同样的需求、困境，以及会被同样的东西一次次打动。

我们想打破在地和都市的界限，为都市中追求内化感受的人们，探索在地性文化在都市生活中的可能性。

"FARLAND | 远方之地"是一个关注多元文化和可持续生活方式的媒体平台，通过图书出版和课程体验的方式，为都市人群带来生活及精神需求更长效、健康、生态的可能性。

微信搜索"FARLAND | 远方之地"，可以关注公众号了解更多

编辑策划： FARLAND 编辑部

撰稿人：

庄真诚
《荔波者吕：布依族的酸，看不见的流动》
《酸与餐桌、田地、集市》
《彭兆荣：地方风味，是从身体到文化的系统感知》
《陈皮：在高层公寓里养菌》

沐卉
《县城的"臭酸火锅"，老板陆小妹身体里的"荔波"》
《四种当地酸酱，无法标准化的味道》
《咖啡："发现云南土地上的香气"》
《知觉食堂（OHA EATERY）：创意菜的灵感源自贵州，从山地茂林中感知自然的智慧》
《用生活边角料的发酵，建立起地方与都市的循环》
《发酵文化，教会我们理解所生活的时代》

万佳祺
《酸奶："对于菌种的科学研究，能为人们带来更多功能性选择"》
《精酿："自由多元的口味，和它们带来的生活方式"》

摄影： 庄真诚、田川、柴生摄影事务所
插画： 70（杨淇麟）
书籍设计： 安烈（A2LIE）
特别鸣谢： 陈迪、陆氏三酸火锅店、清泉浅井、高小红、安天旭
图片版权来源： 均来自受访者授权提供

图书在版编目（CIP）数据

远方之地 ：吃酸！发酵塑造的地方文化与都市生活 ／
FARLAND编辑部编著. -- 昆明 ：云南美术出版社，
2023.5（2024.2重印）
　ISBN 978-7-5489-5152-0

Ⅰ．①远… Ⅱ．①F… Ⅲ．①布依族－饮食－文化－
贵州 Ⅳ．①TS971.202.73

中国版本图书馆CIP数据核字(2022)第185633号

书　　名：远方之地：吃酸！发酵塑造的地方文化与都市生活
作　　者：FARLAND编辑部　编著

选题策划：后浪出版公司　　　　　出版统筹：吴兴元
编辑统筹：王　頔　　　　　　　　责任编辑：汤　彦　李金萍
特约编辑：余棋婷　　　　　　　　责任校对：王飞虎　吕　媛
装帧制造：安烈　Lilian　　　　　营销推广：ONEBOOK
出版发行：云南美术出版社
社　　址：昆明市环城西路609号（电话：0871-64193399）
印　　刷：雅迪云印（天津）科技有限公司
开　　本：720 毫米 × 1000 毫米　1/16
印　　张：9.25
版　　次：2023 年 5 月第 1 版
印　　次：2024 年 2 月第 2 次印刷
书　　号：ISBN 978-7-5489-5152-0
定　　价：58.00 元

读者服务：reader@hinabook.com 188-1142-1266
投稿服务：onebook@hinabook.com 133-6631-2326
直销服务：buy@hinabook.com 133-6657-3072

后浪出版咨询(北京)有限责任公司　版权所有，侵权必究
投诉信箱：copyright@hinabook.com　fawu@hinabook.com
未经许可，不得以任何方式复制或者抄袭本书部分或全部内容
本书若有印、装质量问题，请与本公司联系调换，电话010-64072833